风电场电气二次系统
运行与维护

范相林　编著

U0299915

中国电力出版社
CHINA ELECTRIC POWER PRESS

内 容 提 要

本书针对风电场升压站主要继电保护和自动装置的二次回路接线，结合生产实践，以国内主流微机保护厂商设备为例，结合图纸讲解二次回路的工作方式，力求浅显易懂又不失专业性。本书共分十一章，内容包括概述、微机型二次设备的工作方式、电气二次回路、电流互感器、电压互感器、断路器操作、110kV 线路保护二次接线、110kV 主变压器保护二次接线、常见故障原因分析及处理、二次系统常用仪器仪表。

本书可作为风电场运行维护人员的现场岗位培训教材，还可作为高等院校新能源专业师生及风电场工程技术人员的参考书籍。

图书在版编目（CIP）数据

风电场电气二次系统运行与维护/范相林编著 . —北京：中国电力出版社，2017.12
（2021.5重印）
ISBN 978 - 7 - 5198 - 1298 - 0

Ⅰ.①风…　Ⅱ.①范…　Ⅲ.①风力发电—电厂电气系统　Ⅳ.①TM62

中国版本图书馆 CIP 数据核字（2017）第 257420 号

出版发行：中国电力出版社
地　　址：北京市东城区北京站西街 19 号（邮政编码 100005）
网　　址：http://www.cepp.sgcc.com.cn
责任编辑：安小丹（010 - 63412367）盛兆亮
责任校对：王小鹏
装帧设计：赵姗杉
责任印制：蔺义舟

印　　刷：三河市百盛印装有限公司
版　　次：2017 年 12 月第一版
印　　次：2021 年 5 月北京第二次印刷
开　　本：710 毫米×980 毫米　16 开本
印　　张：13
字　　数：218 千字
印　　数：2001—3000 册
定　　价：35.00 元

风电是目前应用规模最大的新能源发电方式，发展风电已成为许多国家推进能源转型的核心内容和应对气候变化的重要途径，也是我国深入推进能源生产和消费革命、促进大气污染防治的重要手段。我国自 2006 年开始大力发展风电，截至 2016 年年底，我国风电装机容量近 1.5 亿 kW，风电总装机容量排名世界第一。根据国家能源局 2016 年 11 月 29 日发布的《风电发展"十三五"规划》，到 2020 年年底，我国风电累计并网装机容量达到 2.1 亿 kW 以上。

风电场升压站作为风电场与电网连接的连接点，在风电场中具有很重要的地位。升压站的电气二次回路往往又被众多的风电运维人员视为"老大难"。尤其是提到继电保护，更让很多人觉得很是"高大上"。继电保护涉及很多复杂的基础知识，如高等数学、编程语言、逻辑计算等，还涉及许多专业基础课程，如电机学、电力系统暂态分析、稳态分析等，这些知识对于普通的电气二次专业从业人员，完全掌握难度很大。编者认为，在微机保护时代，作为风电场升压站电气二次专业一般技术人员不用参与保护装置的研发工作，对于微机保护原理方面大多数人不需要进行太深入的学习，很多知识点，只需简单的了解或者记住结论就可以了。对于继电保护的学习，应尽量抛开继电保护原理，从电路学的角度来看电气二次回路、学习电气二次回路。

目前，针对风电场升压站电气二次系统培训教材极少，而其他电力系统培训教材，关于电气二次接线的内容仍然主要以电磁式继电器回路为讲解示例。在微机保护已经普遍应用的今天，这种模式在很大程度上已经脱离了实际情况，造成了理论与实践的脱节，尤其不利于基层技术人员的培养。在微机型继电保护和自动装置的电气二次接线方面，由于实际工作情况的不同，目前采用最多的仍然是师傅带徒弟和班组学习的模式。这种各自为战的模式不利于技术的交流与推广，也不利于电力系统人才的培养。

鉴于以上各种因素，编者以提高风电场电气二次专业从业者技术技能为出发点，针对风电场升压站主要继电保护和自动装置的电气二次回路接线，结合生产实践，以国内主流微机保护厂商设备为例，结合图纸讲解电气二次回路的工作方式，较少涉及继电保护原理，主要面对刚参加工作的毕业生，力求浅显易懂又不失专业性，使他们能尽快完成理论与实践的结合，投入工作中去。

本书共分十一章，内容包括概述、微机型二次设备的工作方式、电气二次回路、电流互感器、电压互感器、断路器操作、110kV 线路保护二次接线、110kV 主变压器保护二次接线、常见故障原因分析及处理、二次系统常用仪器仪表。

电气二次回路注重的是动作逻辑，而想用简单明了的文字准确的描述动作逻辑是不现实的，所以某些段落的叙述有些像绕口令，有时又显得语无伦次，重复多变，希望读者能够理解。由于没有现成的资料可供参考，文中很多定义性的文字全部基于编者的理解而进行的描述，不代表行业或者学术界对此的统一定义。考虑到目前大多数现场使用的图纸仍用旧文字符号，为便于读者参考学习，书中未做修改，可对照附录进行学习。

限于编者编写水平和编写时间，书中难免有不足和疏漏之处，恳请广大读者批评指正。

编　者

2017 年 9 月

目 录

第一章

概　述

电力系统是一个巨大的组织严密的统一体，各种类型的发电厂和变电站按照其各自在电力系统中的不同地位和作用，分工完成整个系统的发电、输电、配电的任务。在电力系统中，通常根据电气设备的作用将其分为一次设备和二次设备。电气一次设备是指直接用于生产、输送、分配电能的电气设备，包括发电机、变压器、断路器、隔离开关、母线、电力电缆和输电线路等，是构成电力系统的主体。电气二次设备是用于对电力系统及一次设备的工况进行监测、控制、调节和保护的低压电气设备，包括测量仪表、一次设备的控制、运行情况监视信号以及自动化监控系统、继电保护和安全自动装置、通信设备等。风电场作为电力系统总体的一部分，其升压站的作用就是汇集风力发电机电能，并根据风电场规模，以合适的电压等级并入电网。本章主要介绍风电场各级电压配电装置（如集电线路侧、升压站高压侧等）的基本接线和风电场电气设备。

第一节　　配电装置的基本接线

一、风电场集电线路侧

1. 风电场集电线路侧接线方式

风电场集电线路侧（35kV 或 10kV）一般是单母线分段接线，分段数宜与主变压器压器台数一致，各段母线间设置联络开关，这主要是考虑主变压器检修时便于其母线段风机电能的输出，这一点在风电场小风月也可用来使某台主变压器退出运行，以节约一台主变压器的空载损耗（铁损耗）。单母线分段接线的优点是：接线简单清晰、设备少、操作方便、便于扩建和采用成套装置。根据近年来的实践经验，每段母线连接 49.5MW 装机容量时，集电线路宜采用 35kV 电压等级，3 回集电回路。

根据风机布局、风力发电机组的容量及发电机的出口电压（一般为0.69kV），通常风电场采用二次升压方式。一次升压采用风力发电机组与箱式变压器采用"一机一变"单元接线方式，该接线电能损耗少、接线简单、操作方便，且任何一台风机故障不影响其他风机运行，具有很好的灵活性。经一次升压后，通过集电线路将各风机的电能汇集起来，就近接入升压站，进行二次升压送入电力系统。

发电机与箱式变压器之间设置了框架式空气断路器，其保护配置满足机组的各种继电保护要求，如电流速断、过电流、过负荷、低电压保护及各种机械的超越限保护。变压器（箱式变压器）高压侧一般是配置高压真空负荷开关（额定电流为630A，关合电流为50kA），并附插入式全范围保护熔断器（遮断容量为31.5kA）。

2. 风电场集电线路侧接地方式

风电场集电线路电压侧属于小电流接地系统，宜采用以下三种接地方式：

（1）不接地方式。我国10、35kV电网一般都采用中性点不接地的运行方式。其单相接地故障电流限值见表1-1。

表1-1　　　　　　风电场集电线路侧单相接地故障电流限值

系统及线路	10kV架空线路、35kV、66kV系统	10kV电缆线路构成的系统
限值	10A	30A

（2）消弧线圈接地方式。当单相接地故障电流超过表1-1限值时，应当采用消弧线圈接地方式，且故障点残余电流不得大于表1-1限值。为防止集电线路投切电容电流减少，使消弧线圈处于谐振点运行，应采取过补偿方式，过补偿系数取1.35。厂家制造的消弧线圈最大容量为3150kvar。

（3）低电阻接地方式。当单相接地故障电流超过表1-1限值时，还可以采用中性点经低电阻接地方式。当集电线路电缆较长时，我国风电场采用此种方式的居多。由于大规模风电场集电线路中电缆较多，其电容电流往往达到200A左右，当发生单相接地故障时，大电容电流会严重威胁电气设备的绝缘。特别是35kV电缆终端的电气安全，此时35kV系统通过接地变压器，中性点采取低电阻接地方式。

二、风电场升压站高压侧

风电场升压站高压侧的电压等级一般为110、220、330kV（较少），汇集的风电场电能通过相应电压等级的送出线路向系统供电。电力系统所接纳的风电场，其送出线路以一回线路居多，因此接线力求简单、设备少、操作方便。风电场升压站高电压侧接线一般采用单母线接线，对于小规模（50MW 以下）风电场一般采用"线路—变压器"组接线。

三、中性点的接地方式

风电场主变压器中性点的接地方式应按系统规定的接地方式执行，其具体规定如下：

（1）110kV 和 220kV 系统变压器中性点直接接地，当升压站有 2 台及以上主变压器时，其接地方式根据系统运行方式，按调度命令确定。

（2）330kV 系统中不允许变压器中性点不接地运行，这是由于操作过电压造成的，从绝缘配合上只能如此。

四、风电场常见的电气主接线形式

风电场常见的电气主接线形式见表 1 - 2。

表 1 - 2　　　　　　　　风电场常见的电气主接线形式

型式 特点	110kV 户外常规设备	110kV 户外 GIS 设备	110kV 全户内 GIS 设备
电压等级	高压侧：110kV； 低压侧：35kV	高压侧：110kV； 低压侧：35kV	高压侧：110kV； 低压侧：35kV
电气主接线形式	110kV 单母线； 35kV 单母线或分段 接线方式	110kV 单母线； 35kV 单母线或分段 接线方式	110kV 单母线或线变组； 35kV 单母线或分段 接线方式
高压设备类型	110kV：常规设备，户外	110kV：GIS 设备，户外	110kV：GIS 设备，户内
35kV 开关柜形式	35kV 开关柜为手车式， 户内	35kV 开关柜为固定式， 户内	35kV 开关柜为手车式， 户内
适用海拔	海拔 1800m 以下	海拔 1800m 及以上	滨海地区，污秽相当严重
适用地区 （包括但不限于）	东北、河北、新疆、内 蒙古等地区	云南、贵州等地区	江苏、山东沿海地区

续表

型式 特点	220kV 户外常规设备	220kV 户外（管母线） 常规设备	220kV 户外 GIS 设备
电压等级	高压侧：220kV； 低压侧：35kV	高压侧：220kV； 低压侧：35kV	高压侧：220kV； 低压侧：35kV
电气主接 线形式	220kV 单母线； 35kV 单母线或分段 接线方式	220kV 单母线； 35kV 单母线或分段 接线方式	220kV 单母线； 35kV 单母线或分段 接线方式
高压设备 类型	220kV：常规设备，户外	220kV：常规设备，户外	220kV：GIS 设备，户外
35kV 开关柜 形式	35kV 开关柜为手车式， 户内	35kV 开关柜为手车式， 户内	35kV 开关柜为固定式， 户内
适用海拔	海拔 1800m 以下	海拔 1800m 以下	海拔 1800m 及以上
适用地 区（包括 但不限于）	东北、河北、新疆、内蒙古等地区		云南、贵州等地区

第二节 电气一次设备

一、变压器

1. 主变压器

风电场的主变压器一般采用油浸式、低损耗、双绕组有载调压升压变压器，如图 1-1 所示为风电场常用的 SZ10-50000/110 型主变压器，高压侧电压为 $110\pm8\times1.25\%$ kV，低压侧电压为 35kV，联结组别为 YNd11。

图 1-1 SZ10-50000/110 型主变压器

主变压器容量考虑风力发电场负荷率较低的实际情况以及风力发电机组的功率因数在 1 左右，一般等于风电场发电容量。部分风电场考虑到风电场很少出现满出力运行工况,而且风电场大风月不在夏季,往往在冬季和春季,这时主变压器周围的环境温度较低,主变压器油箱上层油温在一定限度内能适应过负荷运行,主变压器容量略小于风电场容量。

2. 接地变压器和站用变压器

当升压站内低压侧系统采用消弧线圈接地时,接地变压器和站用变压器应合并。当采用低电阻接地时,接地变压器和站用变压器应分开设置。

当接地变压器容量较小(指低压系统电容电流小于100A,此时采用消弧线圈接地方式),且升压站内低压侧系统采用户内盘柜式设备时,接地变压器可采用干式,与开关柜同室布置;当接地变压器容量较大(指低压系统电容电流大于100A,此时采用低电阻接地方式),接地变压器可采用油浸式,室外布置。

站用变压器一般采用干式变压器,且与低压场用开关柜同室布置。变压器采用节能型11或10型,联结组别为Dyn11。SCBH15 - 630/10 - 0.4节能型干式变压器如图1 - 2所示。

图1 - 2　SCBH15 - 630/10 - 0.4
节能型干式变压器

3. 箱式变压器

风电场每台机组均连接一台箱式变压器,高压侧(集电线路)电压为不接地系统,低压侧(风力发电机组出口)为中性点直接接地系统。

(1)箱式变压器容量的配置。风力发电机组都是按单元接线配置箱式变压器,其容量配置应满足发电机的最大连续输出容量扣除本机组的机组自用负荷。粗略统计,自用电部分不足4%,又由于油浸变压器有一定的过负荷能力,大风月又值环境温度较低(冬季或春秋季),因此习惯做法是按机组功率因数$\cos\varphi=0.95$(滞后)运行时的发出容量,套用我国现有的变压器系列容量或市场已具有的容量,见表1 - 3。

表1 - 3　　　　　　　　风电场箱式变压器常见容量

机组容量	750kW	850kW	1500kW	2000kW	更大容量机组
配用变压器容量	800kVA	900kVA	1600kVA	2100kVA	1.05倍配置变压器容量

(2)箱式变压器的技术参数。大多数风电场使用的是美式箱式变压器,也

有风电场采用欧式箱式变压器，如图 1-3 所示。联结组别为 Dyn11，为油浸、自冷、全密封、低损耗变压器。额定电压为 $U_0 \pm 2 \times 2.5\%/0.69\mathrm{kV}$，额定频率为 50Hz，阻抗电压为 6.5%，噪声水平不超过 55dB，损耗按 11 型变压器的损耗标准要求。

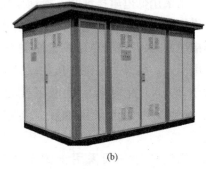

图 1-3　箱式变压器

(a) 美式箱式变压器；(b) 欧式箱式变压器

(3) 其他要求。箱式变压器内低压侧可根据风机厂家的技术要求设置检修用的干式变压器，提供照明、试验电源等。额定容量为 1000VA 左右，额定电压：高压为 690V，低压为 380/220V。

箱式变压器内的信号送到端子排，以实现遥测、遥信，通过端子排使用电缆直接接至风机主控 PLC（可编程控制器），将数据传输到上位机。

二、站内设备

1. 接地电阻和消弧线圈

接地电阻设备一般采用成套柜，户外布置在主变压器压器中性点附近。

消弧线圈若采用干式，可与高压开关柜同室布置，应选用自动跟踪动态补偿式。

2. 无功补偿设备

电力系统通常要求大型风电场升压站设置一定容量的动态无功补偿，以利于系统的静态稳定。无功补偿容量可按主变压器容量的 20% 来设计。目前使用较多的是动态无功补偿装置（SVC 或 SVG）。

3. 高压配电装置

我国大规模风电场直接上网的最高电压为 330kV，因此站内 110kV、

220kV、330kV 配电装置设备根据当地环境条件与结合电网要求，采用敞开式配电装置（AIS）或气体绝缘金属封闭开关设备（GIS）配电装置。AIS 优化了投资成本、安装简单、可视性好、可靠性较高，但其占地面积大、运行维护量较大，且因设备外露部件多，易受气候环境条件的影响。适用于城市以外，非严重污染地区、非沿海地区，且配电装置布置场地满足要求的变电站。GIS 采用绝缘性能卓越的 SF_6 气体做绝缘和灭弧介质，大幅度减小了占地。由于带电部分全部密封于惰性不燃烧气体（SF_6 气体）中，因而没有触电危险和火灾危险，且对电磁和静电实现屏蔽，噪声小，抗无线电干扰能力强，避免了外界环境的影响，大大提高了运行的安全性和可靠性。此外 GIS 还具有安装周期短、维护方便、检修周期长和抗震能力优良的优点，故新建风电场大多选用 GIS 配电装置，如图 1-4（a）所示。

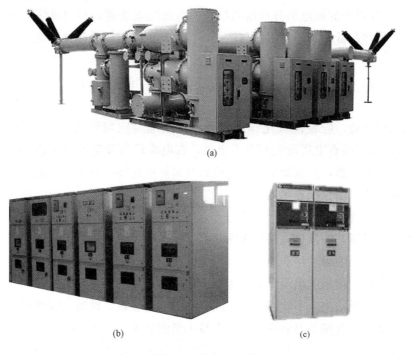

（a）

（b）　　　　　　　　　　　　　（c）

图 1-4　高压配电装置

（a）气体绝缘金属封闭开关设备（GIS）；（b）35kV 成套高压开关柜；（c）SF_6 充气开关柜

　　风电场升压站低压侧（35kV 或 10kV），目前使用的多为高压开关柜（交流金属封闭开关设备，如图 1-4（b）所示，一般地区选用手车式，高海拔地区可选用固定式 SF_6 充气开关柜，如图 1-4（c）所示。

三、站用电设备

风电场升压站站用电系统应有两路独立的电源，一路引自主变压器低压侧，另一路宜从站外电源引接，如可将原施工电源永久化或从地方升压站取得，也可设置柴油发电机组。站用电系统采用三相四线制，系统的中性点直接接地，系统额定电压为 380/220V。站用电负荷宜由站用配电屏直配供电，对重要负荷有条件时应采用双回路供电方式。

220kV 及以上升压站的站用电系统应为单母线分段接线，可由 5～6 面开关柜组成，两电源各接入一段母线。110kV 及以下升压站的站用电系统应为单母线接线，可由 4～5 面开关柜组成，两电源互为备用。

四、保护设备

1. 过电压保护设备

35kV 及以上的风电场升压站的敞开式高压配电装置，每组母线上应设置无间隙氧化锌避雷器。当避雷器与主变压器及其他被保护设备接近或超过规程规定的最大电气距离时，应在主变压器附近增设一组避雷器；当集电线路侧是开关柜（10kV 或 35kV）时，母线避雷器则与电压互感器布置在同一柜内。

风电场中，110kV 及以上进线无电缆段的 GIS 变电站，在 GIS 管道与架空线路的连接处，应装设氧化锌避雷器，其接地端应与管道金属外壳连接。66kV 及以上进线有电缆段的 GIS 变电站，在电缆段与架空线路的连接处，应装设氧化锌避雷器，其接地端应与电缆的金属外皮连接。对单芯电缆，应经金属氧化物电缆护层保护器接地。

2. 接地装置

风电场升压站的接地应综合考虑热稳定要求和腐蚀，通常接地体采用镀锌扁钢，对于受土壤腐蚀性和地质条件限制的升压站，通过技术经济比较也可采用铜质接地体。接地电阻设计中应考虑土壤电阻率的季节系数。

风电场升压站内，不同用途和不同电压的电气装置、设施，应使用一个总的接地装置，并且接地电阻应符合其中最小值的要求。一般情况下，接地装置的接地电阻 $R \leqslant 2000/I$（Ω）。升压站地网的设计一般按复合式接地网考虑，均压网水平接地体的布置间距不宜小于 10m，垂直接地体长度为 2.5m 左右。

当处于高土壤电阻率地区时，若施工后升压站接地装置的接地电阻不能满足 $R \leqslant 2000/I$（Ω），则可采用外引接地进行补充，从复合式接地网上引出多根水平射线，每条射线上连接着外引的复合接地体，如碳棒接地模块、离子井等，以期达到规程的要求值。

第三节　电气二次设备

一、继电保护装置

风电场配置的继电保护主要有线路保护、母线保护、主变压器保护、35（10）kV 线路及母线分段保护、站用（接地）变压器保护、35（10）kV 并联电容器保护等，各类保护都有一定的配置原则。

1. 线路保护装置

线路保护装置主要用于各电压等级的间隔单元的保护测控，具备完善的保护、测量、控制、备用电源自投及通信监视功能，为变电站、发电厂、高/低压配电及厂用电系统的保护与控制提供了完整的解决方案，可有力地保障高/低压电网及厂用电系统的安全稳定运行。可以与其他保护、自动化设备一起，通过通信接口组成自动化系统。全部装置均可组屏集中安装，也可就地安装于高/低压开关柜。线路保护装置配置的主要保护有三段过电流保护、过电流加速保护、过负荷保护、三相一次重合闸保护、低周减载保护、零序过电流保护、电压互感器断线保护、控制断线保护、低电压保护、过电压保护等。线路保护装置配置原则如下：

（1）每回 330kV 线路配置双套完整的、独立的能反映各种类型故障、具有选相功能全线速动保护，双套远方跳闸保，一套断路器失灵保护。根据系统工频过电压的要求，对可能产生过电压的线路应配置双套过电压保护。

（2）每回 220kV 线路配置双套完整的、独立的能反映各种类型故障、具有选相功能全线速动保护，终端负荷线路也可配置一套全线速动保护。每套保护均具有完整的后备保护且均应含重合闸功能。

（3）对于 50km 以下的 220kV 线路，宜随线路架设 OPGW 光缆（也称光纤复合架空地线），配置双套光纤分相电流差动保护。

（4）220kV 双套配置的线路主保护、后备保护的交流电压回路、电流回路、直流电源、开关量输入、跳闸回路、信号传输通道均应彼此完全独立没有电气联系。

（5）双重化配置的线路保护每套保护只作用于断路器的一组跳闸线圈。

（6）110kV 线路应配置一套线路保护，并具备完整的后备保护。

（7）110kV 架空线路应随线路架设 OPGW 光缆，配置一套光纤纵联差动保护。

（8）对于 110kV 电缆线路以及电缆与架空混合线路，宜配置一套光纤差动保护作为主保护，同时应配有包含过负荷报警功能的完整的后备保护。

2. 母线保护装置

母线保护装置用于各种电压等级的单母线、单母分段、双母线以及分段断路器或母联断路器兼做旁路断路器的各种电气主接线方式的母线保护。保护功能包括母线差动保护、母联死区保护、母联失灵保护、母联充电保护、母联过电流保护、线路失灵保护。母线保护装置配置原则如下：

（1）330kV 母线应配置双套母线保护。母线侧的断路器失灵保护需跳母线侧断路器时，通过母差实现。每套母线保护只动作于断路器的一组跳闸线圈。

（2）一般风电场 220kV 升压站的 220kV 母线应配置一套母线保护，重要的风电场 220kV 升压站的 220kV 母线配置双套母线保护。

（3）220kV 母线根据母线保护的配置情况，同时配置一套或双套失灵保护，失灵保护应与母差保护共同出口。

（4）110kV 母线配置单套母线保护。

（5）110kV 的母联、母线分段断路器应按断路器配置专用的、具备瞬时和延时跳闸功能的过电流保护。

（6）风电场 35kV 母线应配置母线保护。

3. 主变压器保护装置

主变压器保护装置是集保护、监视、控制、通信等多种功能于一体的电力自动化设备，是构成智能化开关柜的理想电器单元。其内置一个由 20 多个标准保护程序构成的保护库，具有对一次设备电压、电流模拟量和开关量的完整强大的采集功能（电流测量通过保护电流互感器实现）。配置原则如下：

（1）主变压器应装设纵联差动保护作为主保护，以保护变压器绕组以及引出线的相间短路故障。

（2）作为主变压器主保护相间短路故障和相邻元件的后备保护，在主变压器高压侧应装设复合电压闭锁过电流保护装置，在主变压器低压侧装设电流速断和复合电压闭锁过电流保护装置。

（3）主变压器高压侧复合电压闭锁过电流保护为两段式，第一段保护设两个时限，第一时限动作于本侧母联断路器，第二时限动作于本侧断路器；第二段延时动作于主变压器各侧断路器。

（4）主变压器低压侧限时速断过电流保护设两个时限，第一时限经短延时跳开低压分段断路器，第二时限跳本侧断路器。在主变压器低压侧复合电压闭锁过电流保护设三个时限，第一时限跳开低压侧分段断路器，第二时限跳开本侧断路器，第三时限跳开主变压器各侧断路器。

（5）主变压器高压侧应装设两段式零序电流保护，第一段保护设两个时限，第一时限动作于本侧母联断路器，第二时限动作于本侧断路器；第二段延时动作于主变压器各侧断路器。

（6）主变压器高压侧中性点装设间隙零序电流保护和零序电压保护，延时跳开主变压器各侧断路器。

（7）220kV电压等级主变压器保护装置应具有高压侧断路器失灵保护动作后跳各侧断路器的功能。

（8）主变压器各侧应装设过负荷保护，220kV电压为单相式，220kV以下电压等级为三相式，延时动作于信号。

（9）主变压器本体应装设非电量保护，保护动作于信号和延时跳主变压器各侧断路器。

（10）220kV主变压器微机保护按双重化配置电气量保护和一套非电量保护，220kV以下主变压器微机保护配置一套电气量保护和一套非电量保护。

（11）采用两套保护配置时，两套保护装置应安装在相互独立的屏（柜）内。每套保护均配置完整的主后备保护，宜选用主后备保护一体装置。

（12）采用单套电气量保护配置时，电气保护装置和非电量保护可以安装在相同的屏（柜）内。主变压器非电量保护应设置独立的电源回路（包括直流空气小开关及其直流电源监视回路）和出口跳闸回路，且与电气量保护完全分开，在保护屏（柜）上的安装位置也相对独立。

（13）两套主变压器保护的交流、直流电源及用于保护的隔离开关的辅助触点、切换回路应相互独立。

（14）两套完整的电气量保护的跳闸回路应与断路器的两个跳闸线圈分别一一对应，非电量保护的跳闸回路应同时作用于断路器的两个跳闸线圈。

（15）当主变压器高压侧断路器采用分相机构时，非全相保护由断路器本体机构实现。

（16）如有电压切换装置，应随保护装置成套独立配置。

（17）对于220kV以上电压等级配置失灵保护的断路器，主变压器电气量保护动作启动失灵保护及解除失灵保护复合电压闭锁功能，主变压器非电量保护动作不启动失灵保护。

（18）每套保护装置的出口回路应设置有保护跳闸出口连接片和保护投退

的连接片。

4. 35（10）kV 线路及母线分段保护装置

35（10）kV 线路及母线分段保护测控装置是以电流、电压保护及三相重合闸为基本配置的成套线路保护装置，适用于 35kV 及以下电压等级的非直接接地系统或经电阻接地系统中的方向线路保护及测控。配置原则如下：

（1）线路配置微机型电流速断保护、过电流保护、零序保护，架空线路设置三相一次重合闸。

（2）母线分段配置微机型电流速断及过电流保护。

（3）应选用保护测控一体化保护装置，就地安装在开关柜二次小室内。

5. 站用（接地）变压器保护装置

站用（接地）变压器保护装置是以电流、电压保护为基本配置的成套接地变压器保护装置，适用于 66kV 及以下电压等级的接地变压器或兼作站用的接地变压器。提供速断保护、一段式过电流保护、高压侧一段零序电流保护、低压侧一段零序电流保护、一段零序电压保护、变压器的非电量保护，同时完成测量控制功能。其配置原则如下：

（1）配置微机型电流速断保护、过电流保护、零序保护及本体保护。

（2）应选用保护测控一体化保护装置，就地安装在开关柜二次小室内。

6. 35（10）kV 并联电容器保护装置

高压并联电容器装置用于提高功率因数，降低线路损耗，提高电压器效率和电气设备用电水平，改善电能质量，降低配电线缆截面，降低有功电费，有利于降低排放保护环境。其配置原则如下：

（1）配置微机型电流速断保护、过电流保护、以及过电压、失电压、过负荷保护。对于一组电容器切除后引起的剩余电容器过电压，根据接线情况选用中性点电流或电压不平衡保护、电压差动保护或开口三角电压保护。

（2）应选用保护测控一体化保护装置，就地安装在开关柜二次小室内。

7. 操作箱

操作箱用于执行微机保护、微机测控对断路器发出的操作指令，其内部安装的断路器操作回路，在断路器切断一次回路的过程中起着重要的辅助作用。其配置原则如下：

（1）220kV 以上每条线路应配置一套分相操作箱，操作箱配置在其中一套线路保护屏（柜）内。

（2）110kV 每条线路应配置与线路保护组合在一起的单套三相操作箱。

（3）主变压器三侧宜配置独立的三相操作箱，操作箱配置宜集中在一面保护屏（柜）内，当220kV断路器采用分相操动机构时，则主变压器220kV侧对应配置分相操作箱。

二、综合自动化系统

1. 升压站计算机监控系统

升压站监控系统实现对升压站可靠、安全、完善地监视、测量和控制，并具备"四遥"（遥测、遥信、遥调、遥控）等远动功能和时钟同步功能。计算机监控系统采用分层、分布、开放式网络结构，主要由站控层设备、间隔层设备和网络设备等构成。

（1）站控层设备。主机兼主操作员工作站、备用操作员工作站兼"五防"〔防止误分、合断路器，防止带负荷分、合隔离开关，防止带电挂（合）接地线（接地开关），防止带地线送电，防止误入带电间隔〕工作站、工程师工作站、远动通信设备、公共接口装置、网络设备、打印机等，其中远动通信设备按双套冗余配置。

（2）间隔层设备。包括I/O测控装置、网络接口等。

（3）网络设备。包括网络交换机、光电转换器、接口设备和网络连接线、电缆、光缆及网络安全设备。100MW容量风电场或风电场升压站为220kV电压升压站时，计算机监控网应采用双网配置。采用工业以太网结构，监控系统间隔层的测控设备直接上站控层网络，测控装置直接与站控层通信。监控系统站控层及网络失效时，间隔层应能独立完成就地数据采集和测控功能。

站控层设备按风电场升压站远景规模配置、间隔层设备按风电场阶段实际建设工程规模配置。升压站监控系统应实现全站的防误操作闭锁功能，通过监控系统的逻辑闭锁软件实现升压站的防误操作闭锁功能，同时在受控设备的操作回路中串接本间隔的闭锁回路。监控系统设置"五防"工作站，远方操作通过"五防"工作站实现全站的防误操作闭锁功能，就地操作时则由电脑钥匙和锁具来实现，在受控设备的操作回路中串接本间隔的闭锁回路。本间隔的闭锁可以由电气闭锁实现，也可采用能相互通信的间隔层测控装置实现。

2. 远动系统

风电场配置相应的远动通信设备，且应冗余配置，采用专用装置、无硬盘型。远动通信设备应能实现与相关调度中心及远方监控中心的数据通信，分别以主、备通道按照各级调度要求的通信规约进行通信。主通道应采用数据网方式接入地区级电力调度数据专网，备用通道采用专线方式。远动信息采集采用

"直采直送"原则，直接从 I/O 测控装置获取远动信息并向调度端传送。

在正常运行的情况下，风电场向电网调度部门提供的遥测信号包括但不限于下列：

（1）并网线路有功功率、无功功率、电流。

（2）并网点电压、频率。

（3）主变压器各侧有功功率、无功功率、电流。

（4）35kV 线路有功功率、无功功率、电流。

（5）动态无功补偿装置的无功功率、电流。

（6）35kV 母线分段电流。

（7）有功功率控制系统：机组实发有功功率、机组当时允许最大出力、机组当时允许最小出力、机组当时调节上升速率、机组当时调节下降速率。

（8）无功电压控制系统：风电场控制电压目标值。

（9）有功功率控制系统指令功率值（4～20mA）。

（10）无功功率控制系统指令功率值（4～20mA）。

风电场向电网调度部门提供的遥测信号包括但不限于下列：

（1）主变压器分接头位置信号。

（2）全站事故总信号。

（3）并网点频率。

（4）所有断路器（负荷开关）、隔离开关、接地开关位置信号。

（5）所有保护动作信号及装置故障信号。

（6）故障录波器动作及故障信号。

（7）单个风电机组运行状态。

（8）风电场实际运行机组数量和型号。

（9）风电场的实时风速和风向。

3. 故障录波

升压站站内，宜按电压等级配置故障录波装置，分别记录线路电流、线路电压、保护装置动作、断路器位置及保护通道的运行情况。主变压器录波信息应统一记录在一套故障录波装置内。每套线路故障录波装置的录波量宜不少于 64 路模拟量、128 路开关量。

故障录波装置应具备单独组网功能，并具备完善的分析和通信管理功能，通过以太网与保护和故障信息管理子站系统通信，录波信息可经子站远传至各级调度部门进行事故分析处理。

4. 安全自动装置

根据电网要求，风电场升压站配置一套电能质量监测装置和保护及故障录波信息管理子站。保护及故障录波信息管理子站系统与监控系统宜根据需要分别采集继电保护装置的信息，其与保护装置、监控系统的联网方式可采用单网络方案或双网络方案，根据需要进行配置。

5. 电能量计量系统

风电场升压站内设置一套电能量计量系统子站设备，包括电能计量装置和电能量远方终端。风电场结算用关口电能计量装置按照主、副电能表配置，考核用关口电能计量装置可按单电能表配置。电能表应为电子式多功能电能表，并具备失电压计时功能。

风电场电能量信息采集内容必须包括升压站内所有电能计量点（风电场结算用关口电能计量点、各主变压器高压考核用电能计量点、升压站站用电考核用电能计量点、各风电机组集电线路回路考核用电能计量点、升压站无功补偿回路考核用电能计量点），采集内容包括各电能计量点的实时、历史数据和各种事件记录等。

风电场关口电能计量表按照 0.2 级配置，关口电能计量表至少有双 RS-485 通信接口输出，可同时与其他电能表采集处理器通信。计量用电压互感器精度为 0.2 级，电流互感器 0.2S 级。

风电场配置一套电能量远方终端，以串口方式采集各电能表信息，具有对电能计量信息采集、数据处理、分时存储、长时间保存、远方传输、同步对时等功能。接入中性点非绝缘系统（中性点直接接地）的电能计量装置应采用三相四线电能表，接入中性点绝缘系统（中性点经补偿设备接地）的电能计量装置应采用三相三线电能表。

三、风机监控系统

风电场风机监控系统包括风电机组现地控制单元（local control unit, LCU）和风电场集中控制系统（supervisory control and data acquisition, SCADA）。风电机组现地控制单元布置在风机塔筒内，主要有可编程控制器（programmable logic controller，PLC）或工业防护等级的智能控制模块、变频控制设备组成。风电机组现地控制设备主要功能如下：

（1）控制风力发电机组开停机，以及对风力发电机组紧急停机控制。

（2）控制风力发电机组同期并网。

（3）对风力发电机组的功率控制。

（4）对风力发电机组机舱进行偏航操作、控制。

（5）对风力发电机组的风速计投入/切出的控制。

（6）监视风力发电机组的运行状态。

风电场集中控制由风电场光纤以太网、以太网交换机、风机通信环网柜、后台集中控制计算机组成。主要功能如下：

（1）风力发电机组现地控制单元与风电场集中控制系统通信功能。

（2）风电场内风力发电机组集中监控功能。

（3）风电场内风力发电机组及箱式变压器的"四遥"功能。

（4）与远方调度系统的通信功能。

四、风电场升压站通信系统

风电场升压站（100MW 规模以上）应至少配置 2 级传输网设备，分别接入省、地通信传输网，其余传输设备可根据具体工程组网需要配置。具体要求如下：

（1）光纤通信传输干线电路速率为 622Mbit/s～2.5Gbit/s，支线电路速率为 155Mbit/s～622Gbit/s。

（2）SDH 设备型号应与原传输网保持一致，软件版本应保持兼容，重要板卡宜冗余配置。

（3）光纤链路的设备群路光口宜采用"1+1"冗余配置。

（4）复用保护的光通信设备，保护宜用 2Mbit/s 接口。

（5）一回线路的 2 套纵联保护均复用通信专用光端机时，应通过 2 套独立光通信设备传输，每套光通信设备按照最多传送 8 套线路保护信息设计。

（6）以 OPGW 光缆为主，宜采用 G. 625 光纤。

风电场通信系统的电源应单独配置，配置原则如下：

（1）一般风电场升压站（100MW 以下规模）通信电源系统按照 2 套高频开关电源、一组蓄电池组考虑。重要风电场升压站（100MW 及以上规模）通信电源系统按照两套高频开关电源、两组蓄电池组考虑配置。

（2）每组专用蓄电池容量应满足按照实际负荷放电不少于 8h 的要求，高频开关电源的容量和蓄电池的容量根据工程计算配置。

（3）通信电源的交流电应由能自动切换的、可靠的、来自不同站用电母线段的双回路交流电源供电，当所用电母线只有一段时，通信电源可引自站内不同回路的两个电源。

（4）高频开关电源设备应具有完整的防雷措施、智能监控接口、主告警输出空触点。

（5）传输同一输电线路的同一套继电保护信号的所有通信设备，应接入同一套电源系统。

（6）传输同一输电线路的两套继电保护信号的两组通信设备，应接入两套电源系统。

五、直流系统与不间断电源系统

1. 直流系统

风电场升压站中操作直流系统采用 220V 电压。风电场升压站一般采用直流系统屏一级供电方式，大型风电场升压站（容量 100MVA 以上）并有 GIS 设备可采用两级供电方式。风电场升压站中控室（继电保护室）的测控、保护、故障录波、自动装置等设备宜采用辐射方式供电，35（10）kV 开关柜顶直流网络采用环网供电方式。

110kV 及以下电压等级升压站的直流系统采用单母线分段接线或单母线接线；220kV 及以上电压等级升压站的直流系统采用两段母线接线，两段直流母线之间应设置联络电器。每组蓄电池及其充电装置分别接入两段母线。

风电场升压站宜采用高频开关充电装置，220kV 以上升压站应装设 2～3 套，110kV 及以下电压等级升压站应装设 1～2 套，"N+1"模块。蓄电池宜采用阀控式密封铅酸免维护蓄电池，110kV 升压站应装设一组蓄电池，220kV 以上电压等级升压站应装设两组蓄电池。两组蓄电池的直流系统，应满足正常运行时两段母线切换时不中断供电的要求，切换过程中允许两组蓄电池短时并列运行。每组蓄电池均应设有专用的试验放电回路，试验放电设备宜经隔离和保护电器直接与蓄电池组出口回路并接。蓄电池容量按照 2h 事故放电时间考虑，宜采用 2V 的单节蓄电池。具体工程应根据升压站规模、直流负荷和直流系统运行方式，对蓄电池个数、容量以及充电装置进行计算确定。每段直流母线设置一套微机监控装置，根据直流系统运行状态，综合分析各种数据和信息，对整个系统实施控制和管理，并通过 RS-485 通信接口将信息上传至站内监控系统。每组蓄电池配置一套蓄电池巡检装置，检测蓄电池单体运行工况，对蓄电池充放电进行动态管理。

在直流屏上装设直流绝缘监察装置，在线监视每段直流母线的电压和检测直流馈线的接地情况，直流母线的电压过高或过低及接地时均发出报警信号。蓄电池出口、充电装置直流侧出口回路、直流馈线回路和蓄电池试验放电回路应装设保护电器。保护电器宜采用专用直流低压断路器（又称空气开关、空开），分馈线开关与总开关之间至少保证 3～4 级的级差。

2. 不间断电源系统

风电场升压站配置一套交流不间断电源系统（uninterruptible power system，UPS），UPS 负荷主要包括升压站综合自动化系统（简称综自）、自动化仪表、电量采集系统、继电保护及故障录波子系统、电能质量监测装置、自动装置、调度录音电话、风电机组计算机监控系统厂控层设备等。其配置原则如下：

（1）UPS 应为静态整流、逆变装置。UPS 应为单相输出，输出电压为 220V、50Hz。输出的配电屏馈线应采用辐射状供电方式。

（2）UPS 正常运行时由站内站用电源供电，当输入电源故障消失或整流器故障时，由升压站的 220V 直流系统供电，备用电源切换时间应小于 4ms。

（3）UPS 的正常交流输入端、旁路交流输入端、直流输入端、逆变器的输入和输出端及 UPS 输出端应装设低压断路器进行保护。

（4）UPS 应提供标准通信接口，并将 UPS 运行状态、主要数据等信息上送升压站监控系统。

（5）UPS 可采用主机、从机冗余配置方式，主机、从机自动切换时间小于 4ms。

3. 逆变电源装置

风电场升压站配置一套逆变电源装置，采用单机配置方式，负荷主要包括升压站事故照明、火灾自动报警系统、视频监视系统等。其配置原则如下：

（1）逆变电源应为静态逆变装置。逆变电源应为单相输入、单相输出，输出电压为 220V、50Hz。旁路输入电源宜为单相。

（2）备用直流输入由站用直流系统供电，备用电源切换时间应小于 4ms。

（3）逆变电源装置应提供标准通信接口，并将逆变电源装置运行状态、主要数据等信息上送升压站监控系统。当站内 UPS 电源容量配置较大时，可由 UPS 替代逆变电源。

六、火灾自动报警系统

风电场升压站配置一套火灾自动报警系统，火灾自动报警系统设备包括火灾报警控制器、探测器、控制模块、信号模块、手动报警按钮等。其配置原则如下：

（1）火灾自动报警系统应取得当地消防部门认证。

（2）火灾探测区域应按独立房间划分。风电场升压站火灾探测区域有主控室（二次设备室）、各级电压等级配电装置室、油浸变压器、电缆夹层、电缆隧道及电缆竖井等。

（3）根据所探测区域的不同，配置不同类型的和原理的探测器或探测器组合，对于采用 SF_6 高压电气设备的场所应配置 SF_6 开关室环境智能化监控系统。

（4）火灾自动报警控制器设置在中控室（二次设备室）或警卫室靠近门口处。当火灾发生时，火灾报警控制器可及时发出声光报警信号，显示发生火灾的地点。

（5）火灾自动报警系统应提供标准通信接口，并将火灾自动报警主要数据等信息上送升压站监控系统。

七、图像监视及安全警卫系统

在风电场升压站内设置一套图像监视及安全警卫系统。可对全站主要电气设备、建筑物及周边环境进行全天候的图像监视，满足生产运行对安全、巡视的要求。图像监视及安全警卫系统设备包括视频服务器、视频监视主机、工业以太网交换机、多画面分割器、录像设备、摄像机、编码器，以及沿升压站围墙四周设置的远红外线探测器或电子栅栏。其配置原则如下：

（1）按照满足安全防范要求配置，不考虑对设备运行状况进行监视。

（2）一般不在风电机组现场或箱式变压器现场设置视频监视设备。

（3）视频服务器、工业以太网交换机等后台设备按照全站最终规模配置，并留有远方监视的接口。

（4）现地摄像头按本期建设规模配置。

（5）图像分辨率应达到 CIF 格式（352×288）以上（包括 CIF 格式），传输、存储格式采用 MPEG‐4，兼容 H.264 或更高版本的成熟视频编解码标准。

（6）应具有与火灾和防盗报警的联动功能。

八、风电场二次设备布置

风电场升压站新建工程按工程远景规模规划并布置二次设备，设备布置应遵循功能统一明确、布置简洁紧凑的原则，并合理考虑预留屏位。

风电场升压站二次设备的布置采用集中布置方式，站内不设通信机房，在主控楼内设置中控室（二次设备室）、集中监控工作站、监控系统测控柜、网络通信柜、远动工作站屏、远动网络设备屏、电能表屏、保护设备屏、故障录波屏、自动装置屏、通信设备屏、视频监视主机屏、直流系统屏等均布置于二次设备室。35（10）kV 保护测控一体化装置及电能表等设备就地分散布置于

35（10）kV 配电装置室开关柜二次小室。

风电场升压站中控室（二次设备室）的备用屏（柜）数量不少于总屏柜数的 10%～15%，中控室所有二次设备屏（柜）体结构、外型及颜色应一致。

所有二次系统设备屏（柜）的外形尺寸宜采用 2260mm×800mm×600mm（高×宽×深，高度中包括 60mm 开关柜眉头），通信系统设备屏（柜）的外形尺寸宜采用 2260mm×600mm×600mm（高×宽×深，高度中包括 60mm 开关柜眉头）。

所有二次系统设备屏（柜）前单开门、屏（柜）后双开门、垂直自立、柜门内嵌式的柜体结构，前门宜为玻璃门（不包括通信设备屏柜），正视屏（柜）体转轴在左边，门把手在右边。

全站二次系统设备屏（柜）体颜色应统一，如通信屏（柜）同室布置，则通信屏（柜）的颜色与二次系统设备屏（柜）体颜色也应统一。

九、二次设备接地

风电场升压站中控室（二次设备室）、敷设二次电缆的沟道、开关场的端子箱及保护用结合滤波器，使用截面积不小于 $100mm^2$ 的裸铜排（缆）敷设与升压站主接地网紧密连接的等电位接地网。

在中控室（二次设备室）的电缆沟或屏（柜）下层的电缆室内，按屏（柜）布置的方向敷设截面积不小于 $100mm^2$ 的专用接地铜排，并首末端连接，形成二次设备室的内等电位接地网，二次设备室的内等电位接地网必须用至少 4 根以上、截面积不小于 $50mm^2$ 的铜排（缆）与升压站的主接地网可靠接地。

在中控室（二次设备室）静态保护和控制装置的屏（柜）下部设有截面积不小于 $100mm^2$ 接地铜排。屏柜上装置的接地端子应用截面积不小于 $4mm^2$ 的多股铜线和接地铜排相连，接地铜排应用截面积不小于 $50mm^2$ 的铜缆与二次设备室内的等电位接地网相连。

公用电流互感器二次绕组二次回路只允许，且必须在相关保护屏（柜）内一点接地。独立的、与其他电压互感器和电流互感器的二次回路没有电气联系的二次回路应在开关场一点接地。

第二章

微机型二次设备的工作方式

第一节　微机型二次设备概述

继电保护技术是电力系统安全、稳定运行的重要保障，它伴随着电力技术的发展也在不断改进。纵观继电保护技术的发展，主要经历了四个阶段：电磁继电器保护、晶体管保护、集成电路保护和微机保护。我国从 20 世纪 70 年代末开始微机型继电保护装置的研发，高等院校和科研院所起着先导的作用。1984 年华北电力学院（现为华北电力大学）研制的输电线路微机型继电保护装置首先通过鉴定，并在系统中获得应用，揭开了我国继电保护发展史上新的一页，为微机保护的推广开辟了道路。此后，不同原理、不同种类的微机保护相继研制生产，取得了引人注目的成果，到 20 世纪 90 年代，我国继电保护技术已完全进入微机保护时代。

习惯上，将升压站内所有的微机型二次设备统称为"微机保护"，实际上这个叫法是很不确切的。从功能上讲，可以将升压站自动化系统中的微机型二次设备分为微机保护、微机测控、操作箱（目前一般与微机保护安装在一个装置内，以往多为独立装置）、自动控制装置、远动设备等。按照这种分类，可以将电气二次回路的分析更加细化，易于理解。在本书中，对设备的称呼将一直参照这种分类方法。

各类设备的主要功能如下：

（1）微机保护：将电流量、电压量及相关状态量采集进来，按照不同的算法实现对电力设备的继电保护，并且根据计算结果做出判断并发出相应指令。

（2）微机测控：主要功能是测量及控制，取代的是常规变电站中的测量仪表（电流表、电压表、功率表）、就地及远传信号系统和控制回路。

（3）操作箱：用于执行各种针对断路器的操作指令，这类指令分为合闸、分闸、闭锁三种，可能来自多个方面，例如本间隔微机保护、微机测控、强电手操❶装置、外部微机保护、自动控制装置等。

（4）自动控制装置：与微机保护的区别在于，自动控制装置虽然也采集电流、电压，但是只进行简单的数值比较或"有、无"判断，然后按照相对简单的固定逻辑动作。这个工作过程相对于微机保护而言是非常简单的。

第二节　各设备工作方式及联系

一、微机保护与测控装置

在微机保护时代，一般技术人员已经很少参与保护装置的研发工作，所以，对于微机保护在继电保护原理方面的工作方式，不需要进行太深入的学习。微机测控是对应于断路器配置的，几乎所有的微机测控的功能都是一样的，区别仅在于其容量的大小而已。微机测控的配置原则虽然和微机保护的配置原则完全不同，但它们的工作方式都可以概括为"开入"与"开出"两个过程。

1. 开入量

微机保护和微机测控对电力设备信息的采集一般称为"开入"，开入量分为两种：模拟量和数字量。开入是微机保护和微机测控进行工作的基础。微机保护内部元件的工作电压很低（一般为几伏、十几伏），属于弱电系统，而需要开入的信号使用的电源则属于强电系统（220V或110V），为避免强电系统对弱电系统造成电磁干扰，影响微机保护的正常工作，在开入系统中采取了光电转换隔离措施。

（1）模拟量的开入。微机保护需要采集电流和电压两种模拟量进行运算，以判断其保护对象是否发生故障。变电站配电装置中的大电流和高电压必须分别经电流互感器和电压互感器变换成小电流、低电压，才能供微机型保护装置使用。微机测控开入的模拟量除了电流、电压外，有时还包括温度、直流量等。微机测控开入模拟量的目的主要是获得其数值，同时也进行简单的计算以获得功率等电气量数值。

（2）数字量的开入。数字量也称为开关量，它是由各种设备的辅助触点通过"开/闭"转换提供（只有两种状态），也称为硬触点开入。微机保护对外部

数字量的采集一般只有"闭锁条件"一种，这个回路一般为弱电回路（直流24V）。（这是针对110kV及以下电压等级的设备而言，对于220kV设备而言，由于配置双套保护装置，两套保护装置之间的联系较为复杂。）微机测控对数字量的采集主要包括隔离开关及接地开关位置、断路器机构信号等。这类开关量的触发装置（即辅助开关）一般在距离主控室较远的地方，为了减少电信号在传输过程中的损失，通常采用强电系统（直流220V）进行传输。同时，为了避免强电系统对弱电系统形成干扰，在进入微机运算单元前，需要使用光耦单元对强电信号进行隔离、转变成弱电信号。

2. 开出量

对微机保护而言，开出是指微机保护根据自身采集的信息，加以运算后对被保护设备目前状况做出的判断以及针对此状况做出的反应，主要包括操作指令、信号输出等反馈行为。之所以说是反馈行为，是因为微机保护的动作永远都是被动的，即受设备故障状态激发而自动执行的。

对微机测控而言，微机测控的开出指的是对断路器、电动隔离开关及接地开关发出的操作指令。与微机保护不同的是，微机测控不会产生信号，而且其操作指令也是主动的，即人工发出的。

（1）操作指令。一般来讲，微机保护只针对断路器发出操作指令，对线路保护而言，这类指令只有"跳闸"或"重合闸"两种；对主变压器保护、母差保护而言，这类指令只有"跳闸"一种。在某些情况下，微机保护会对一些电动设备发出指令，如"主变压器温度高启动风机"会对主变压器风冷控制箱内的风机控制回路发出启动命令；对其他微机保护或自动装置发出指令，如"母差动作闭锁线路重合闸""母差动作闭锁备自投"等。微机保护发出的操作指令属于"自动"范畴。微机测控发出的操作指令可以针对断路器和各类电动机构，这类指令也只有两种，对应断路器的"跳闸""合闸"或者对应电动机构的"分""合"。微机测控发出的操作指令属于"手动"范畴，也就是说，微机测控的操作指令必然是人为作业的结果。

（2）信号输出。微机保护输出的信号只有"保护动作""重合闸动作"两种。至于"装置断电"等信号属于装置自身故障，严格意义上不属于"保护"范畴。微机测控不产生信号，不产生信号是相对于微机保护的信号产生原理而言的。严格意义上讲，微机测控也输出信号，它会将自己采集的开关量信号进行模式转换后通过网络传输给监控系统，起到单纯的转接作用。

二、操作箱

操作箱内安装的是针对断路器的操作回路，用于执行微机保护、微机测控对断路器发出的操作指令。操作箱的配置原则与微机测控是类似的，即对应于断路器，一台断路器有且只有一台操作箱。一般来讲，在同一电压等级中，所有类型的微机保护配备的操作箱都是一样的。在 110kV 及以下电压等级的二次设备中，由于操作回路相对简单，目前已不再设置独立的操作箱，而是将操作回路与微机保护整合在一台装置中。但是需要明确的是，尽管微机保护和操作箱在一台装置中且两者有一定的电气联系，但是操作回路与保护回路在功能上是完全独立的。

三、自动控制装置

风电场升压站内最常见的自动控制装置（简称自动装置）有稳控装置、备用电源自动投入装置（简称备自投装置）等。自动装置能够维护整个变电站的运行，而不是像微机保护一样只针对某一个间隔，例如备自投装置主要是为了防止全站失压，而在失去工作电源后自动接入备用电源；稳控装置是为维护元件和区域电网的安全稳定运行而采用的二层保护装置，其可实现切机切负荷、自动解列区域电网的功能。

四、微机保护、测控与操作箱的联系

对一个含断路器的设备间隔，其二次系统需要微机保护、微机测控、操作箱三个独立部分来完成。这个系统的工作方式有以下三种：

在后台机上使用监控软件对断路器进行操作时，操作指令通过网络触发微机测控里的控制回路，控制回路发出的对应指令通过控制电缆到达微机保护里的操作箱，操作箱对这些指令进行处理后通过控制电缆发送到断路器机构的控制回路，最终完成操作。动作流程为：微机测控→操作箱→断路器。

在测控屏上使用操作把手对断路器进行操作时，操作把手的触点与微机测控的控制回路是并联的关系，操作把手发出的对应指令通过控制电缆到达微机保护里的操作箱，其后动作过程与上述相同。使用操作把手操作也称为强电手操。它的作用是防止监控系统发生故障时（如后台机"死机"等）无法操作断路器。所谓"强电"，是指操作的启动回路在直流 220V 电压下完成，而使用后台机操作时，启动回路在微机测控的弱电回路中。动作流程为：操作把手→操作箱→断路器。

微机保护在保护对象发生故障时，根据相应电气量计算的结果做出判断并发出相应的操作指令。操作指令通过装置内部接线到达操作箱，其后动作过程与上述相同。动作流程为：微机保护→操作箱→断路器。

微机测控与操作把手的动作都是需要人为操作的，属于手动操作；微机保护的动作是自动进行的，属于自动操作。操作类型的区别对于某些自动控制装置、联锁回路的动作逻辑是重要的判断条件，将在以后的章节中具体介绍。

过去微机保护、微机测控与操作箱一般是三个独立的装置，现在许多厂家将微机保护与操作箱合为一体。以 110kV 线路保护为例，各公司设备配置见表 2-1。

表 2-1　　　　　　　　　　　　微机型二次设备配置

公司名称	微机测控	微机保护	操作箱
北京四方继保自动化股份有限公司	CSI200E	CSL163B	ZSZ-11S
国网许继集团	FCK-801	WXH-811	
南京南瑞继保电气有限公司	RCS-9607	RCS-941A	
国电南京自动化股份有限公司	PSL691	PSL621	
长园深瑞继保自动化有限公司	ISA341G	ISA353G	

组屏时，微机保护安装在 110kV 线路保护屏上，微机测控安装在 110kV 线路测控屏上；保护屏上还安装有信号复归按钮，测控屏上还安装有操作把手及切换把手。

对 35（10）kV 电压等级的二次设备，微机保护、测控与操作箱一般会整合成一个装置。例如，对 10kV 线路，国网许继集团配置的设备型号是 WXH-821，南京南瑞继保电气有限公司（简称南瑞继保）配置的设备型号是 RCS-9611，它们都是保护、测控和操作一体化的装置，如图 2-1所示。一般来讲，35kV 线路与 10kV 线路使用的二次设备型号是相同的，这是因为其保护配置相同。

图 2-1　RCS-9611 线路保护装置

第三章

电气二次回路

　　电气二次设备之间相互连接的回路统称为电气二次回路，它是确保电力系统安全生产经济运行和可靠供电不可缺少的重要组成部分。电气二次回路通常包括用以采集一次系统电压、电流信号的交流电压回路、交流电流回路，用以对断路器及隔离开关等设备进行操作的控制回路，用以对发电机励磁回路、主变压器压器分接头进行控制的调节回路，用以反映一、二次设备运行状态、异常及故障情况的信号回路，用以供二次设备工作的电源系统等。

　　电气二次回路是一个复杂的电力系统。为了便于设计、制造、安装、调试及运行维护，通常在图纸上使用图形符号及文字符号按一定规则连接来对电气二次回路进行描述，这类图纸被称为电气二次回路接线图（简称二次回路图）。

第一节　　电气二次回路图的分类

　　按电气二次回路图的作用，可分为原理图和安装图。原理图是体现电气二次回路工作原理的图，按其表现的形式又可分为归总式原理图和展开式原理图。安装图是体现二次设备布置及其相互之间接线的图纸，按其作用又分为屏面布置图和安装接线图。

一、归总式原理图

　　归总式原理图将电气二次回路的工作原理以整体的形式在图中表示出来，如将相互连接的电流回路、电压回路、直流回路等都综合在一起。归总式原理图的优点是能够使读图者对整个电气二次回路的构成及动作过程都有一个明确的整体概念。其缺点是对电气二次回路的细节表示不够，不能表示各元件之间接线的实际位置，未反映各元件的内部接线及端子标号、回路标号等，不便于现场的维护与调试，对于较复杂的电气二次回路读图比较困难。因此在实际使用中，广泛采用展开式原理图。

二、展开式原理图

展开式原理图是以电气二次回路的每个独立电源来划分单元（如交流电流回路、交流电压回路、直流控制回路、继电保护回路及信号回路等）而进行编制的。根据这个原则，必须将同属于一个元件的电流线圈、电压线圈以及触点分别画在不同的回路中，为了避免混淆，属于同一元件的线圈、触点等，采用相同的文字符号表示。展开式原理图的接线清晰、易于阅读、便于掌握整套继电保护及电气二次回路的动作过程、工作原理，特别是在复杂的继电保护装置的电气二次回路中，用展开式原理图表示其优点更为突出。

三、屏面布置图

屏面布置图是加工制造屏柜和安装屏柜上设备的依据。上面每个元件的排列、布置，是根据运行操作的合理性，并考虑维护运行和施工的方便来确定的，因此应按一定比例进行绘制，并标注尺寸。

四、安装接线图

安装接线图是以屏面布置图为基础，以原理图为依据而绘制成的接线图。它标明了屏柜上各个元件的代表符号、顺序号及每个元件引出端子之间的连接情况，它是一种指导屏柜上配线工作的接线图。为了配线方便，在安装接线图中对各元件和端子排都采用相对标号法进行标号，用以说明这些元件的相互连接关系。

在国家电网公司编制的 Q/GDW 1161—2014《线路保护及辅助装置标准化设计规范》和 Q/GDW 175—2008《变压器、高压并联电抗器和母线保护及辅助装置标准化设计规范》中，对保护柜装置及其端子排的标号原则进行了规范，见表 3-1 和表 3-2。

表 3-1　　　　　　　　　　　线路保护及辅助装置标号原则

序号	装置类型	装置标号	屏（柜）端子排标号
1	线路保护	1n	1D
2	线路独立后备保护（可选）	2n	2D
3	断路器保护（带重合闸）	3n	3D
4	操作箱	4n	4D
5	交流电压切换箱	7n	7D
6	断路器辅助保护（不带重合闸）	8n	8D
7	过电压及远方跳闸保护	9n	9D
8	短引线保护	10n	10D
9	远方信号传输装置	11n	11D

表3-2　　　　　　　　　元件保护及辅助装置标号原则

序号	装置类型	装置标号	屏（柜）端子排标号
1	变压器保护、高压电抗器保护、母线保护	1n	1D
2	操作箱	4n	4D
3	变压器、高压电抗器非电量	5n	5D
4	保护交流电压切换箱	7n	7D
5	母联（分段）保护	8n	8D

第二节　　电气二次回路图的识读

　　电气二次回路图的逻辑性很强，在绘制时应遵循一定的规律，读图时若能按此规律就很容易读懂。尤其是对比较复杂的继电保护装置的电气二次回路图，每个回路有数十甚至上百个元件组成，把这些元件按一定的逻辑及标准符号用线连接起来，回路是很复杂的。

　　读图前首先要弄懂该图所绘电气二次回路的功能及动作原理，图上所标符号的含义，然后按照先交流、后直流，先上后下、先左后右的顺序读图。对交流部分，要先看电源，再看所接元件；对直流元件，要先看线圈，再查触点，每一个触点的作用都要查清。如有多幅图时，有些元件的线圈与触点可能在不同的图上，不能疏漏。

　　由于图是与装置对应的，所以首先要明确图是对应于哪个装置，该装置的作用是什么，图显示的是该装置的哪一部分功能，这部分功能的动作逻辑是什么，这些逻辑是通过哪些回路一步步地完成的。按照这个顺序，我们就可以从整体到细节地看明白一幅二次图了。在看电气二次回路图时，需要多幅图一起看，这是由于回路之间的交叉联系造成的，看图时应按照某一个功能把所有相关的图全部找出来，按照动作逻辑逐幅看完。例如，在研究断路器的操作回路时，需要微机测控的控制回路图、操作箱的操作回路图、断路器端子箱的端子排图、断路器机构箱的操作回路图。

　　电气二次回路的分类方式很多，如前所述，这其实应该算是一种按照功能进行分类的方式。为了识图方便，从纯粹的电路原理而言，可以将电气二次回路分为有源回路和无源回路两种。

一、有源回路

有源回路，顾名思义，就是指有直流电源在其中的回路，多为控制回路。实际上，现在我们看电气二次回路图主要就是看控制回路。只要明白一个"干电池、开关、灯泡"组成的照明回路是如何工作的，那么你就算是入门了。为什么这么说呢？因为这个最简单的直流电路恰恰显示了绝大多数电气二次回路最根本的电路原理。图 3-1 显示的就是灯泡回路与电气二次回路的对照。

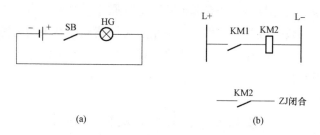

(a) (b)

图 3-1 灯泡回路与电气二次回路的对照
(a) 灯泡回路；(b) 电气二次回路

图 3-1 中的电气二次回路体现了除电流电压回路以外的所有电气二次回路的共同点：在一个两端电压为直流 220V 的电路中，存在一个断开点（控制开关或辅助触点）使该电路不能连通，即没有电流通过。在某一情况下，该断开点可以闭合使电路导通，电路中其他元件带电；在相反情况下，该断开点又断开该电路，使电路中元件失电。

在直流灯泡回路中，手动按下电灯开关 SB 后该回路被接通，灯泡 HG 发光；在电气二次回路中，KM1 的动合触点闭合后该回路被接通，中间继电器 KM2 被启动。由此可见，SB 与 KM1 是对应的，HG 与 KM2 是对应的。整个回路的逻辑可以概括为：在某种情况发生时，该种情况造成的结果会导致另一情况的发生。例如：人手按压开关 SB 时，按压的结果是 SB 闭合会是灯泡 HG 发光；继电器 KM1 被启动后，KM1 启动的结果是动合触点闭合会使 KM2 启动。

有源回路动作后必然产生一个结果，而这个结果必然可以通过某个无源回路表示出来。在图 3-1 中，这个结果就是中间继电器 KM2 被启动，通过 KM2 的动合触点闭合表现出来。

二、无源回路

无源回路这个名称不是很确切，既然没有电源，当然也就无法形成回路，所以叫做"无源触点"更合适一点。无源触点就像一个没有接入电路的开关SB，可以接在任意回路中。

无源触点也是有意义的，例如"弹簧储能限位开关"的无源动断触点，将它接入信号开入回路则可以报信号，将它接入操作箱闭锁回路则可以闭锁断路器合闸，但是它在这两个回路中所表示的含义是一样的：弹簧未储能。由此也可以看出，无源触点只有接入某一个有源回路才能发挥作用。在实际工程中，一个有源回路不允许与另一个有源回路有电气联系。当两个有源回路需要逻辑上的联系时，一般的做法是：将代表一个有源回路动作结果的无源触点（可以是一个触点，也可能是几个触点的组合）接入另一个有源回路。这一点将在闭锁回路中详细解释。

第三节　　电气二次回路标号

电气二次设备数量多，相互之间连接复杂。要将这些电气二次设备连接起来就需要数量庞大的二次连接线或二次电缆，如何才能把每根二次连接线与电气二次设备间的相互关系表述清楚呢？有效的方法是标号按二次连接线的性质、用途和走向为每一根线按一定规律分配一个唯一的标号，就可以把纷繁复杂的二次连接线一一区分开来。按接线的性质、用途来进行标号称为回路标号法，按二次连接线的走向、设备端子进行标号称为相对标号法。

一、回路标号法

1. 回路标号原则

凡是各设备间要用控制电缆经端子排进行联系的，都要按回路原则进行标号。某些在屏顶上的设备与屏内设备的连接，也要经过端子排，此时屏顶设备可看作是屏外设备，在其连接线上同样按回路标号原则给以相应的标号。换句话说，就是不在一起（一面屏或一个箱内）的二次设备之间的连接线就应使用回路标号。

2. 回路标号作用

在展开式原理图中的回路标号和安装接线图端子排上电缆芯的标号是一一对应的，这样看到端子排上的一个标号就可以在展开图上找到对应这一标号的回路；同样，看到展开原理图上的某一回路，可以根据这一标号找到其连接在端子排上的各个点，从而为电气二次回路的检修、维护提供极大的方便。

3. 回路标号的基本方法

（1）用 4 位或 4 位以下的数字组成，需要标明回路的相别或某些主要特征时，可在数字标号的前面（或后面）增注文字或字母符号。

（2）按等电位的原则标注，即在电气回路中，连于一点上的所有导线均标以相同的回路标号。

（3）电气设备的触点、线圈电阻、电容等元件所间隔的线段，即视为不同的线段，一般给予不同的标号；当两段线路经过动断触点相连，虽然平时都是等电位，但一旦触点断开，就变为不等电位，所以经动断触点相连的两段线路也要给予不同标号。对于在接线图中不经过端子而在屏内直接连接的回路，可不标号。

二、相对标号法

相对标号法常用于安装接线图中，供制造、施工及运行维护人员使用。当甲、乙两个设备需要互相连接时，在甲设备的接线柱上写上乙设备的标号及具体接线柱的标号，而在乙设备的接线柱上写上甲设备的标号及具体接线柱标号，这种互相对应标号的方法称为相对标号法。

1. 相对标号的作用

回路标号可以将不同安装位置的电气二次设备通过标号连接起来，对于同一屏内或同一箱内的电气二次设备，相隔距离近，相互之间的连接线多，回路多，采用回路标号很难避免重号，而且不便查线和施工，这时就只有使用相对标号：先把本屏或本箱内的所有设备顺序标号，再对每一设备的每一个接线柱进行标号，然后在需要接线的接线柱旁写上对端接线柱标号，以此来表达每一根连接线。

2. 相对标号的组成

一个相对标号就代表一个接线桩头，一对相对标号就代表一根连接线，对于一面屏、一个箱子，接线柱有数百个，每个接线柱都得标号，标号要不重复、好查找，就必须统一格式，常用的是"设备标号 - 接线桩头号"格式。

（1）设备标号。一种是以罗马数字和阿拉伯数字组合的标号，多用于屏（箱）内设备数量较多的安装图，如中央信号继电器屏、高压开关柜、断路器机构箱等。罗马数字表示安装单位标号，阿拉伯数字表示设备顺序号，在该标号下边，通常还有该设备的文字符号和参数型号。例如一面屏上安装有两条线路保护，把用于第一条线路保护的电气二次设备按从上到下顺序编为Ⅰ1/Ⅰ2/Ⅰ3…，端子排编为Ⅰ；把用于第二条线路保护的电气二次设备按从上到下顺序编为Ⅱ1、Ⅱ2，端子排编为Ⅱ。为对应展开图，在设备标号下方标注有与展开图相一致的设备文字符号，有时还注明设备型号。这种标号方式便于查找设备，但缺点是不够直观。

另一种是直接编设备文字符号（与展开图相一致的设备文字符号）。用于屏（箱）内设备数量较少的安装图，微机保护将大量的设备都集成在保护箱里了，整面微机保护屏上除保护箱外就只有低压断路器、按钮、压板和端子排了，所以现在的微机保护屏大都采用这种标号方式。例如保护装置就编为 1n、2n、11n，低压断路器就编为 1QF、2QF、3QF，连接片就标为 1XB、2XB、21XB 等；按钮就编为 1SA、2SA、11SA；属于 1n 装置的端子排就编为 1X，属于 11n 装置的端子排就编为 11X 等。

（2）设备接线柱标号。每个设备在出厂时对其接线柱都有明确标号，在绘制安装接线图时就应将这些标号按其排列关系、相对位置表达出来，以求得图和实物的对应。对于端子排，通常按从左到右、从上到下的顺序用阿拉伯数字顺序标号。把设备标号和接线柱标号加在一起，每一个接线柱就有了唯一的相对标号，一对相对标号就唯一对应一根电气二次接线。

3. 控制电缆的标号

在变电站或发电厂里，电气二次回路的控制电缆也有相当数量，为方便识别，需要对每一根电缆进行唯一标号，并将标号悬挂于电缆根部。电缆的标号一般为：□□□－□□□□。

其中第一位表示安装单位设备的序号，超过 10 个时可用两位数表示；第二、三位为所安装设备的拼音字头；横线后的前三位用阿拉伯数字表示电缆走向，根据不同的途径有不同的编号范围；最后一位用 A、B、C 表示相别，用 R 表示弱电。

为方便安装和维护，在电缆牌和安装接线图上，不仅要注明电缆标号，还要在其后标注电缆规格和电缆详细走向。

三、小母线标号

为方便取用交流电压和直流电源，在部分保护屏顶安装有一排小母线，小母线的识别标号通常由英文字母表示，后面可以加上表征相别的英文字母，还可以用英文字母或阿拉伯数字的回路标号来进一步说明。

第四节 电气二次回路连接导线的选择

电气二次回路中各连接导线的机械强度及电气性能应满足安全经济运行的

要求。而导线的机械强度及电气性能与其材料及截面有关。

一、按机械强度要求

若按导线的机械强度满足要求选择其截面，首先应知道导线所接的端子排端子。连接强电端子铜导线的截面应不小于 1.5mm^2，而连接弱电端子铜导线的截面应不小于 0.5mm^2。

二、按电气性能要求

在保护和测量仪表中，交流电流回路导线应采用铜导线，其截面应大于或等于 2.5mm^2。此外，电流回路的导线截面还应满足电流互感器误差不大于 10% 的要求。

交流电压回路导线截面的选择，还应按照允许电压降考虑。对于电能计量仪表（电能表）运行时由电压互感器至表计输入端的电压降不得超过电压互感器二次额定电压的 0.5%；对于其他测量仪表，在正常负荷下上述压降不能超过 3%；当全部测量仪表及保护装置均投入运行时上述压降也不得超过 3%。

在操作回路中，导线截面的选择应满足正常最大负荷下，由操作母线至各被操作设备端的导线电压降不能超过额定母线电压的 10%。

第四章

电流互感器

电力系统的一次电压很高、电流很大，且运行的额定参数千差万别，用于对电气一次系统进行测量、控制的仪器仪表及保护装置无法直接接入电气一次系统，电气一次系统的高电压、大电流需要使用互感器进行隔离，使电气二次回路的继电保护、自动装置和测量仪表能够安全准确地获取电气一次回路电压、电流信息。

电流互感器是一个特殊形式的变换器，它的二次电流正比于一次电流。因为其电气二次回路的负载阻抗很小，一般只有几欧姆，所以二次工作电压也很低，当电气二次回路阻抗大时，二次工作电压 $U=IZ$ 也变大；当电气二次回路开路时，U 将上升到危险的幅值，它不但影响电流变换的准确度而且可能损坏电气二次回路的绝缘，烧毁电流互感器铁芯。所以电流互感器的电气二次回路不能开路。

正确地选择和配置电流互感器型号、参数，将继电保护、自动装置和测量仪表等接入合适的电气二次回路，严格按技术规程与保护原理连接电流互感器电气二次回路，对继电保护等设备的正常运行、确保电网的安全运行意义重大。

第一节　　电流互感器参数

一、电流互感器的一次参数

电流互感器的一次参数主要有一次额定电压与一次额定电流。一次额定电压的选择主要是满足相应电网电压的要求，其绝缘水平能够承受电网电压长期运行，并承受可能出现的雷电过电压、操作过电压及异常运行方式下的电压，如小电流接地方式下的单相接地。一次额定电流的考虑较为复杂，一般应满足以下要求：

（1）应大于所在回路可能出现的最大负荷电流，并考虑适当的负荷增长，当最大负荷无法确定时，可以与断路器、隔离开关等设备的额定电流一致。

（2）应能满足短时热稳定、动稳定电流的要求。一般情况下，电流互感器的一次额定电流越大，所能承受的短时热稳定和动稳定电流值也越大。

（3）由于电流互感器的二次额定电流一般为标准的 5A 或 1A，电流互感器的变比基本由一次电流额定电流的大小决定，所以在选择一次电流额定电流时要核算正常运行测量仪表要运行在误差最小范围，继电保护用二次侧又要满足 10％误差要求。

（4）考虑到母差保护等使用电流互感器的需要，由同一母线引出的各回路，电流互感器的变比尽量一致。

（5）选取的电流互感器一次额定电流值应与 GB 1208—2006《电流互感器》推荐的一次电流标准值相一致。

二、电流互感器的二次额定电流

在 GB 1208—2006《电流互感器》中，规定标准的电流互感器二次电流为 1A 和 5A。电流互感器的二次额定电流采用 5A 还是 1A，主要决定于经济技术比较。在相同一次额定电流、相同额定输出容量的情况下，电流互感器二次电流采用 5A 时，其体积小、价格便宜，但电缆及接入同样阻抗的二次设备时，二次负载将是 1A 额定电流时的 25 倍。所以一般在 220kV 及以下电压等级变电站中，220kV 设备数量不多，而 10～110kV 电压等级的设备数量较多，电缆长度较短，电流互感器二次额定电流多采用 5A。在 330kV 及以上电压等级变电站，220kV 及以上电压等级的设备数量较多，电流回路电缆较长，电流互感器二次额定电流多采用 1A。

为了既满足测量、计量在正常使用的精度及读数要求，又能满足故障大电流下继电保护装置的最小精确工作电流及电流互感器 10％误差曲线要求，两个回路采用同样的变比往往难以兼顾，所以常常要求不同二次侧具有不同变比。要求电流互感器的二次侧具有不同变比时，除实际变比不同外，最好的选择是在电气二次回路设置抽头，也可以在电气二次回路增加辅助电流互感器进行调节，但这一方法除了使电气二次回路接线复杂外，还使回路的综合误差增大，如果辅助电流互感器的特性不好，将增加继电保护装置不正确动作的可能性。

电流互感器的变比也是一个重要参数，当一次额定电流与二次额定电流确定后，其变比即确定。电流互感器的额定变比等于一次额定电流比二次额定电流。

三、电流互感器的额定输出容量

电流互感器的额定输出容量是指在满足额定一次电流、额定变比条件下，在保证所标称的准确度等级时，电气二次回路能够承受的最大负载值，其单位一般用伏安表示。根据 GB 1208—2006《电流互感器》规定，额定输出容量的标准值有 5、10、15、20、25、30、40、50、60、80、100VA。

四、电流互感器的 10%误差校核

对保护用电流互感器，必须按实际的二次负载大小及系统可能出现的最大短路电流的 10%校核。电流互感器的 10%误差是继电保护装置对其的最大允许值，也是各类保护装置整定的依据。所以 10%误差曲线的计算非常重要，特别是对母差保护、变压器及发电机的差动保护，由于这类保护的定值较灵敏，它们的整定依据之一就是躲过各侧电流互感器按 10%误差计算出来的最大综合误差。

1. 10%误差曲线的测量与计算

电流互感器 10%误差的校核方法，主要是计算出在最大短路电流时电气二次回路的最大允许阻抗，与该电气二次回路的实际阻抗进行比较，该实际阻抗必须小于最大允许阻抗。

（1）负载阻抗可在现场实际测量后计算得出。在现场测量时应选择负载最大的支路，实际计算中可以只考虑负载阻抗的幅值。

需要注意的是测量二次负载阻抗必须包括连接电缆与所有能接入的负载，必须用 50Hz 的交流试验电源，在无法判定哪一相或哪一种接线二次负载最大时，应测量所有方式下的二次负载，取其中的最大值。

（2）为校核电流互感器误差是否满足要求，还必须绘制其 10%误差曲线。该曲线的绘制需要做试验测量电流互感器的直流电阻 R，0.5～10A 的伏安特性，计算出满足 10%误差要求的允许最大阻抗，再根据可能出现的最大短路电流倍数可以查找出该短路电流下允许的最大负载阻抗，当其值大于实际负载阻抗时，可以认为该电流互感器是满足 10%误差的。

2. 拐点电压法

判断电流互感器在所接负载情况下是否满足误差要求，除上述方法外，还可以采用一种简单实用的方法来加以判断，这就是拐点电压法。

保护用电流互感器的允许误差一般用 ePM 表示，如 5P10，其含义是在 10 倍互感器额定电流下的短路电流时，其误差满足 5%的要求。式中 e 是准确度

等级，M 是保证准确度的允许最大短路电流倍数。

电流互感器的标称准确限值电流倍数 M（如通常的 5P10 中的 10）的概念是：当电气二次回路所带负载为额定阻抗 Z_L，并且一次电流达额定电流的标称准确限值倍数为 M 时，电流互感器的铁芯处于极限饱和边缘，即一、二次间的复合误差刚好能维持在误差区间（如通常的 5P10 中的 5）以下，也就是说此时二次也刚好维持有 $10 \times 5A = 50A$ 的电流数值，此时的电气二次回路极限电动势等于回路极限电压降 U。电流互感器的电气二次回路极限电动势越高，则饱和特性越好，对避免二次电流的失真越有利。对于确定的电流互感器来说，回路极限电动势是个常数，但实际准确限值电流倍数却随实际的电气二次回路阻抗按反比规律变化。

伏安特性曲线中的拐点电压就是电气二次回路极限电压降，则实际准确限值电流倍数 $K = U / I_{2N} (Z_L + Z)$，若计算出的实际准确限值电流倍数大于实际可能出现的最大短路电流倍数，同样也能判定电流互感器满足误差要求。

3. 误差不满足时的措施

如检查发现电流互感器无法满足要求，可尝试用以下措施解决：

（1）选择大容量的电流互感器。

（2）加大连接电气二次回路电缆的截面积，减小连接电缆的阻抗。

（3）在保护装置对电流互感器的二次接线方式没有特殊要求时，可以改变其接线方式以调整接线系数。例如，将不完全星形接线改为完全星形接线；将三角形接线改成为星形接线。

（4）加大电流互感器的一次额定电流，这样在同样的短路电流情况下，短路电流的倍数将减小。

（5）将同一互感器相同变比的两个二次绕组串联使用，这将使其串联后的伏安特性增加，容量增大。

五、电流互感器的其他参数

1. 电流互感器的准确度

为了保证计量、测量的准确性，保证保护装置动作可靠、正确，电流互感器必须达到一定的准确度。在 GB 1208—2006《电流互感器》中，规定测量用电流互感器的准确度等级分 0.1、0.2、0.5、1、3、5 六个标准。这是一个相对误差标准。其中 0.1～1 四个标准其二次负荷应在额定负荷的 $25\% \sim 100\%$，3、5 两个标准其二次负荷应在额定负荷的 $50\% \sim 100\%$，否则准确度不能满足要求。所以对负荷范围广，准确度要求高的场合，可以采用经补偿的 0.2s 和

0.5s 电流互感器，该互感器在 1%～120%负荷区间均能满足准确度要求。对测量用电流互感器除了幅值准确度要求外，还有角度误差要求。

继电保护用电流互感器的准确度等级要求一般没有测量的高，但其不仅要求在额定一次电流下误差不超过规定值，由于要求其在故障大电流时有较好的传变特性，所以在一定短路电流倍数下误差不超过规定值。电流互感器的准确性能要求分为两类：

（1）要求在给定短路电流下的复合误差不超过规定值。P 类及 PR 类电流互感器一般用 ePM 表示误差等级。在 GB 1208—2006《电流互感器》中，规定 5P、10P 两个准确度等级。

（2）要求对电流互感器的励磁特性做出规定。

2. 电流互感器的比值误差

互感器在测量电流时所出现的数值误差称为电流误差或比值误差，它是由于存在励磁电流引起的实际电流比与额定电流比不相等造成的。电流误差按一次电流的百分比表示。

3. 电流互感器的相位差

一次电流与二次电流相量的相位差称为电流互感器的相位差，相量的方向是按理想的电流互感器的相位为零来决定的。按规定的正方向，若二次电流的相量超前一次电流相量时，相位差作为正值。其单位为分（min）、厘弧度（crad）。

4. 电流互感器的复合误差

在有些情况下，电流不是准确的正弦函数，不能用方均根值和相量相位来准确表示其误差。在铁芯中磁通密度接近饱和时，这种情况更为明显。为此定义复合误差为稳态一次电流瞬时值与 K 倍二次电流瞬时值之差的方均根值。

5. 保护用电流互感器的暂态特性

系统发生短路故障时一定伴有电流迅速的、大幅值的变化，其中含有大的直流分量与丰富的各次谐波分量，这种暂态过程在故障初期最为严重。如果电流互感器没有较好的暂态特性，就无法准确进行信号的传变，严重时将发生电流互感器饱和，造成保护装置拒动或误动。

暂态过程的大小与持续时间和系统的时间常数有关，一般 220kV 系统的时间常数不大于 60ms，500kV 系统的时间常数在 80～200ms。系统时间常数增大，使短路电流非周期分量的衰减时间加长，短路电流的暂态持续时间加长。系统容量越大，短路电流的幅值也越大，暂态过程越严重。所以针对不同的系统要采用具有不同暂态特性的电流互感器。

一般 P 类保护用电流互感器仅考虑在稳态短路电流情况下保证具有规定的准确性，TP 类保护用电流互感器则要求在规定工作循环的暂态条件下保证规定的准确性。暂态特性良好的电流互感器与普通电流互感器相比，具有良好的抗饱和性能，这在制造中可以通过增加铁芯的截面积、选用高导磁材料或同时在铁芯中加入非磁性间隙等办法来改变磁路特性。改变磁路特性的大小不同形成了不同等级的暂态型电流互感器。

普通保护级（P 级）电流互感器是按稳态条件设计的，暂态性能较弱，但一般能够满足 220kV 以下系统的暂态性能要求。目前，所有 220kV 及以下电力系统保护用电流互感器，在大多数情况下选用普通保护级（P 级）电流互感器，即能满足稳态也能满足暂态运行要求。

第二节　　电流互感器的配置原则

一、准确度等级

计量对准确度要求较高接 0.2 级，测量回路要求相对较低接 0.5 级。保护装置对准确度要求不高，但要求能承受很大的短路电流倍数，所以选用 5P20 的保护级。

二、接入位置

保护用电流互感器还要根据保护原理与保护范围合理选择接入位置，确保一次设备的保护范围没有死区。如两套线路保护的保护范围指向线路，应放在第一、二组二次侧，这样可以与母差保护形成交叉，任何一点故障都有保护切除。如果母差保护接在最近母线侧的第一组二次侧，两套线路保护分别接第二、第三组二次侧，则在第一组与第二组二次侧间发生故障时，既不在母差保护范围，线路保护也不会动作，故障只能靠远后备保护切除。虽然发生这种故障的概率很小，却有发生的可能，一旦发生，后果是严重的。两组接入母差保护的二次侧，正副母差保护间也要交叉，否则也有死区。

三、其他

当有旁路断路器而且需要旁路断路器代主变压器断路器时，如有差动等保护则需要进行电流互感器的电气二次回路切换，这时既要考虑切换的回路要对应一次运行方式的变换，还要考虑切入的电流互感器二次极性必须正确，变比必须相等。

按照反措要求需要安装双套母差保护的 220kV 及以上母线，其相应单元的电流互感器要增加一组二次绕组，其接入位置应保证任何一套母差保护运行时与线路、主变压器保护的保护范围有重叠，不能出现保护死区。

第三节　电流互感器二次回路

一、二次回路接线方式

在变电站中，常用的电流互感器二次回路接线方式有单相接线、两相星形（或不完全星形）接线、三相星形（或完全星形）接线、三角形接线等，它们根据需要应用于不同场合。现将各种接线的特点及应用场合介绍如下：

（1）单相式接线。如图 4-1（a）所示，这种接线只有一只电流互感器组成，接线简单。它可以用于小电流接地系统零序电流的测量，也可以用于三相对称电流中电流的测量或过负荷保护等。

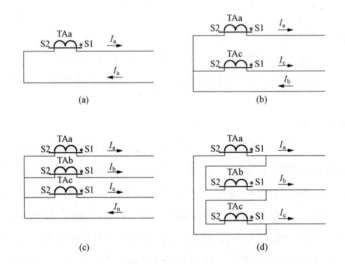

图 4-1　电流互感器二次回路接线方式

(a) 单相式接线；(b) 不完全星形接线；(c) 完全星形接线；(d) 三角形接线

（2）两相星形接线。如图 4-1（b）所示，这种接线有两相电流互感器组成，与三相星形接线相比，它缺少一只电流互感器（一般为 B 相），所以又叫不完全星形接线。它一般用于小电流接地系统的测量和保护回路，由于该系统没有零序电流，另外一相电流可以通过计算得出，所以该接线可以测量三相电流、有功功率、无功功率、电能等。其能反应各类相间故障，但不能完全反应接地故障。对于小电流接地系统，不完全星形接线不但节约了一相电流互感器的投资，在同一母线的不同出线发生异名相接地故障时，还能使跳开两条线路的概率下降了 2/3。只有当 AC 相接地时才会跳开两条线路，AB、BC 相接地时，由于 B 相没有电流互感器，则 B 相接地的一条线路将不跳闸。由于小电流接地系统允许单相接地运行 2h，所以这一措施能够提高供电可靠性。需要指出的是，同一母线上出线的电流互感器必须接在相同的相，否则有些故障时保护将不能动作。假设该小电流接地系统中线路（1）的电流互感器的安装于 A、C 相，线路（2）的电流互感器安装于 A、B 相，这时如果线路（1）发生 B 相接地，线路（2）发生 C 相接地故障，形成 BC 相短路，由于这两相上均未安装电流互感器，两条线路的保护均无法动作。

（3）三相星形接线。又叫完全星形接线，如图 4 - 1（c）所示。这种接线由三只互感器按星形连接而成，相当于三只互感器公用零线。这种接线中，零线在系统正常运行时没有电通过，但该零线不能省略，否则在系统发生不对称接地故障产生 $3I_0$ 电流时，该电流没有通路，不但影响保护正确动作，其性质还相当于电流互感器二次开路，会产生很高的开路电压。三相星形接线一般应用于大电流接地系统的测量和保护回路接线，它能反映任何一相、任何形式的电流变化。

（4）三角形接线。如图 4 - 1（d）所示，这种接线将三相电流互感器二次绕组按极性头尾相接。这种接线主要用于保护二次回路的转角或滤除短路电流中的零序分量。如 YNd11 组别的变压器配置差动保护时，由于主变压器的高压侧为星形接线，接地故障时有零序电流，而低压侧的三相绕组接为三角形，线电流的角度滞后高压侧 30°，系统发生接地故障时，零序电流在低压侧三角形接线中形成环路，无法流出，所以在低压侧的线电流中不含零序分量。这时如果高低压两侧的电流互感器二次接线均接成星形，不但在正常运行时两侧测到的负荷电流相差 30°形成差流，当发生接地故障时，由于低压侧不反应零序电流也会产生差流，这样在区外故障时会使差动保护误动。所以必须将高压侧的电流互感器二次接成三角形，联结组别同低压侧一次接线，这样就将高压侧电流向后转角 30°，同样滤除电流的零序分量。需要注意的是，三角形接线的组别不能搞错，如 11 点接线为 A 相的头接 B 相的尾，B 相的头接 C 相的尾，C 相的头接 A 相的尾，这样低压侧的电流就滞后高压侧 30°。如果错接成 A 头 C 尾、C 头 B 尾、B 头 A 尾，就变成低压侧的电流超前高压侧 30°，差流将更大。在计算差动继电器的平衡系数时，还要考虑到三角形接线有一个 $\sqrt{3}$ 的接线系数。在微机差动保护中，常常将各侧电流互感器的二次回路均接为星形，在保护装置中通过软件计算进行电流转角与电流的零序分量滤除，这样就简化了接线。

在许多保护中，对电流互感器的一、二次接线的极性有很严格的要求，如差动保护电流互感器接线极性的检验，可以用一次通流法，也可以采用电池搭放一次绕组，在二次侧用万用表检测二次产生脉冲的极性来判断其接线的正确性。

在电流互感器的接线中，要特别注意其二次绕组的极性，特别是方向保护与差动保护等回路。当电流互感器二次极性错误时，将会造成计量、测量错误，方向继电器指向错误，差动保护中有差流等，造成保护装置的误动或拒动。

二、接入顺序

当一组电流互感器接入多个负载时，应考虑其接入顺序，其原则是方便设备的调试及调试中的安全，还考虑到串联的顺序应使电缆最短。一般仪表回路的顺序是电流表、功率表、电能表、记录型仪表、变送器或监控系统。在保护用二次侧中，尽量将不同的设备单独接入一组二次侧，特别是母差保护等重要保护需要串接的，应先主保护再后备保护，先出口跳闸的设备再不出口跳闸的设备。如一个回路中需要接入线路保护、失灵保护启动装置、故障录波器等设备时，根据所定原则按该次序接入，这样在运行中如果要做录波器试验，可以将其退出而不影响线路保护与失灵启动装置的正常运行。

由于仪表与保护对电流互感器的要求不同，所以原则上两者不能共用一组电流互感器二次侧，但在 35kV 及以下系统中对计量准确度要求不高的场合，也有测量仪表与继电保护共用一组电流互感器的方式，这时应确保满足10％误差曲线要求，验算短路电流不会损坏仪表，并按先保护后仪表的次序接入。

三、电流二次回路的接地

电流互感器二次回路必须接地，其目的是为了防止当一、二次之间绝缘损坏时对二次设备与人身造成危害，所以一般宜在配电装置处经端子接地，这样对安全更为有利。当有几组电流互感器的二次回路连接构成一套保护时，宜在保护屏上设一个公用的接地点。

对于三角形接线电流互感器二次回路也应接地，接地点选在经负载后的中性点。

在微机母差或主变压器差动保护中，各接入单元的二次电流回路不再有电气连接，每个回路应该单独一点接地，各接地点间不能串接。该接地点可以接在配电装置处，但以在保护柜上分别一点接于二次接地铜排为好。在错误接法中，各接地点串联后接地，一旦总接地点脱开，则每一组的接地都没有；当其中一个回路停电需要做试验时，可能影响其他运行中的回路。

在由一组或多组电流互感器连接成的二次回路中，运行中接地不能拆除，但也不允许出现一个以上的接地点。当回路中存在两点或多点接地时，如果地电网不同点间存在电位差，将有地电流从两点间通过，这将影响保护装置的正确动作。

对于母差等具有多组电流互感器接入的保护，可能会出现保护装置在运行中，需要某单元停电检修的情况，这时要注意检修单元的一次接地线对保护装置的影响。如电流互感器一次的两侧均有接地线时，会对二次电流产生分流，对于各单元电流互感器二次侧具有电气连接的差动保护，如固定连接母差保护、中阻抗母差保护等，需要考虑对运行中保护的影响，并采取对检修单元电流互感器二次回路短接退出等技术措施进行隔离。对于各电流互感器二次回路无电气连接的，如该电流回路上无试验工作可以不短接退出。

四、电流互感器变比的调整

为了灵活调整电流互感器的变比以适应不同的需要，很多电流互感器都可以通过改变一次绕组的串并联及二次绕组的抽头来调整变比。如变比为 $1250\times 2/5$ 的电流互感器，其一次并联时的变比为 $1250/5$，串联时的变比为 $2500/5$。二次抽头是利用改变二次绕组匝数来改变变比的，如变比为 $1250/5$ 的互感器可以设置变比为 $750/5$ 的抽头，需要改变变比时，只要改变抽头位置即可。需要特别注意的是，电流互感器不能开路，备用的电流互感器二次侧必须短接接地，但应用中的具有抽头电流互感器的，其备用抽头不能再短接，否则将对使用抽头中的二次电流产生分流，造成保护装置的不正确动作。

第四节　　电流互感器的使用

一、额定电流的选择

电流互感器的作用是将一次设备的大电流转换成二次设备使用的小电流，其工作原理相当于一个阻抗很小的变压器。其一次绕组与一次主电路串联，二次绕组接负荷。电流互感器的变比一般为 $X:5$——首先，X 不小于该设备可能出现的最大长期负荷电流，如此即可保证一般情况下电流互感器二次侧电流不大于5A；其次，在被保护设备发生故障时，在短路电流不使电流互感器饱和的情况下，电流互感器二次侧电流可以按照此变比从一次电流折算。

在超高压电厂和变电站中，如果高压配电装置远离控制室，为了增加电流互感器的二次允许负荷，减小连接电缆的导线截面及提高准确度等级，多选用二次额定电流为1A的电流互感器。相应的，微机保护装置也应选用交流电流输入为1A的产品。根据目前新建110kV变电站的规模及布局，绝大多数都是选用二次侧电流为5A的电流互感器。

二、准确度等级的选择

电流互感器用于保护、测量和计量三种回路，而这三种回路对电流互感器的准确度等级要求是不同的。测量、计量级绕组着重于精度，即误差要小；保护级绕组着重于抗饱和能力，即在发生短路故障时，一次电流超过额定电流许多倍的情况下，一次电流与二次电流的比值仍在一定允许误差范围内接近理论变比。对于0.5、0.2级电流互感器而言，0.5或0.2就是其比值误差，计算公式为

$$k = (A - B)/B$$

式中：A 为二次侧实测电流；B 为根据一次侧实测电流和理论变比折算出的理论二次电流，对于0.5、0.2级电流互感器，比值差的最小值分别为±0.5%和±0.2%。需要注意的，此类电流互感器不保证在短路条件下满足此比值差。

对于保护级（P）的电流互感器而言，准确度等级分为5P和10P两种，其额定一次电流下的比值误差是固定的，分别为±1%和±3%，复合误差分别为5%和10%。5P20级电流互感器的含义可以简单的认为是：在电流互感器一次电流为20倍额定电流时，其二次电流误差为5%。一般来讲，10P级已经能够满足110kV变电站的需要，至于是10倍还是20倍过电流，需要根据实际的潮流及短路计算确定。

三、接线形式的选择

电流互感器二次绕组的接线常用的有四种，如图4-1所示，具体使用哪种接线方式应根据其用途具体确定。

（1）单相式接线。用于小电流接地系统零序电流的测量，也可以用于三相对称电流中电流的测量或过负荷保护等。

（2）完全星形接线。可以反映单相接地故障、相间短路及三相短路故障。目前，110kV线路、变压器、10kV电容器等设备配置的电流互感器均采用此

接线方式。

（3）不完全星形接线。反映相间短路及 A、C 相接地故障。目前，35kV 及 10kV 架空线路在不考虑"小电流接地选线"（简称"选线"）功能的情况下多采用此接线方式，以节省一组电流互感器；否则，必须配置三组电流互感器，以获得零序电流实现"选线"功能。电缆出线时，配置了专用的零序电流互感器实现"选线"功能，也按此方式配置。

（4）三角形接线。以往，这种接线用于采用 Yd11 接线的变压器的差动保护，使变压器星形侧二次电流超前一次电流 30°，从而与变压器三角形侧（电流互感器接成完全星形）二次电流相位相同。目前，主变压器微机差动保护本身可以实现因主变压器联结组别造成的相位差的校正，主变压器星形侧和三角形侧电流互感器均采用完全星形接线。

四、电流互感器的选择

针对不同设备保护、测控的需要，电流互感器的配置也是不同的。

（1）变压器和电容器属于元件保护，必须在三相都配置电流互感器。

（2）110kV 线路属于大电流接地系统，配置有零序电流保护，而且发生单相接地故障时保护应动作跳闸，所以必须在三相都配置电流互感器。

（3）10、35kV 线路属于小电流接地系统，允许单相接地运行一段时间，为节省一组电流互感器往往只在 A、C 两相配置电流互感器。同时，这种配置在同一母线上同时发生两条线路单相接地故障时，有 2/3 的机会只切断一条线路。由于两相电流互感器无法计算出零序电流，所以在电缆出线中配置了专用的零序电流互感器，用于测量零序电流供小电流接地选线装置使用。

五、接地形式的选择

电流互感器的二次侧不允许开路，而且在星形接线中，电流互感器二次侧中性点必须接地，只是在不同情况下的接地点不同。在常规规模的 110kV 变电站中，只有主变压器高、低压侧用于差动保护的电流互感器二次侧是在主变压器保护屏一点接地，其余均是在电流互感器现场接地。

用于元件差动保护的各电流互感器的二次侧必须在保护屏一点接地，例如主变压器差动保护、母线差动保护。高压线路差动保护是依靠光纤传输电流量（经过变换以后）进行比对实现的，不是直接由差电流启动保护元件，所以线路两端电流互感器二次侧单独接地。

第五章

电压互感器

　　电压互感器是一种特殊形式的变换器，与电流互感器不同的是，它的二次电压正比于一次电压。电压互感器的二次负载阻抗一般较大，其二次电流在二次电压一定的情况下，阻抗越小则电流越大，当电压互感器二次回路短路时，二次回路的阻抗接近为 0，二次电流将变得非常大，如果没有保护措施，将会烧坏电压互感器。所以电压互感器的二次回路不能短路。

　　电压互感器有电磁式、电容式和电子式三种。正确地选择和配置电压互感器型号、参数，严格按技术规程与保护原理连接电压互感器二次回路，对降低计量误差、确保继电保护等设备的正常运行、确保电网的安全运行具有重要意义。

第一节　　电压互感器参数

一、电压互感器的一次参数

　　电压互感器的一次参数主要是额定电压。其一次额定电压的选择主要是满足相应电网电压的要求，其绝缘水平能够承受电网电压长期运行，并承受可能出现的雷电过电压、操作过电压及异常运行方式下的电压，如小电流接地方式下的单相接地。

　　对于三相电压互感器和用于单相系统或三相系统间的单相互感器，其额定一次电压应符合 GB 156—2007《标准电压》所规定的某一标称电压，即 6、10、15、20、35、66、110、220、330、500kV。对接在三相系统相与地之间或中性点与地之间的单相电压互感器，其额定一次电压为上述额定电压的 $1/\sqrt{3}$ 倍。

二、电压互感器的二次额定电压

　　对接于三相系统相间电压的单相电压互感器，二次额定电压为 100V。对接在三相系统相与地间的单相电压互感器，当其额定一次电压为某一数值除以 $\sqrt{3}$ 时，其额定二次电压必须为 $100/\sqrt{3}V$，以保持额定电压比的不变。

接成开口三角形的剩余电压绕组额定电压与系统中性点接地方式有关，大电流接地系统的接地电压互感器额定二次电压为 $100V$；小电流接地系统的接地电压互感器额定二次电压为 $100/\sqrt{3}V$。

电压互感器的变比也是一个重要参数，当一次额定电压与二次额定电压确定后，其变比即确定。电压互感器的额定变比等于一次额定电压与二次额定电压的比值。

三、电压互感器的额定输出容量

电压互感器额定的二次绕组及剩余电压绕组容量输出标准值为 10、15、25、30、50、75、100、150、200、250、300、400、500VA。对于三相电压互感器，其额定输出容量是指每相的额定输出。当电压互感器二次承受负载功率因素为 0.8（滞后），负载容量不大于额定容量时，互感器能保证幅值与相位的精度。

除额定输出外，电压互感器还有一个极限输出值。其含义是在 1.2 倍额定一次电压下，互感器各部位温升不超过规定值，二次绕组能连续输出的视在功率值（此时互感器的误差通常超过限值）。

在选择电压互感器的二次输出时，首先要进行电压互感器所接的二次负荷统计。计算出各台电压互感器的实际负荷，然后再选出与之相近并大于实际负荷的标准输出容量，并留有一定的裕度。

四、电压互感器的误差

电磁式电压互感器由于励磁电流、绕组电阻及电抗的存在，当电流流过一次绕组及二次绕组时要产生电压降和相位偏移。使电压互感器产生电压比值误差（简称比误差）和相位误差（简称相位差）。

电容式电压互感器，由于电容分压器的分压误差以及电流流过中间变压器，补偿电抗器产生电压降等也会使电压互感器产生比误差和相位差。

电压互感器电压的比误差和相位差的限值大小取决于电压互感器的准确度等级。GB 1207—2006《电压互感器》规定如下：

（1）测量用电压互感器的标准准确度等级有 0.1、0.2、0.5、1.0、3.0。

（2）满足测量用电压互感器电压的比误差和相位差有一定的条件，即在额定频率下，其一次电压在 80%～120% 额定电压间的任一电压值，二次负载的功率因数为 0.8（滞后），二次负载的容量在 25%～100%。

（3）继电保护用电压互感器的标准准确度等级有 3P 和 6P。

（4）由于使用条件与目的不同，满足继电保护用电压互感器电压误差和相位误差的条件与测量的有所不同，要求其频率满足额定值，二次负载的功率因数为 0.8（滞后），二次负载的容量在 25%～100%之外，其保证精度的一次电压范围为不小于 5%的额定电压，在 2%额定电压下的误差限值为 5%额定电压下的 2 倍。

五、电压互感器的形式

电压互感器的形式多种多样，按工作原理分有电磁式电压互感器、电容式电压互感器、新型光电式电压互感器。其中电磁式电压互感器在结构上又有三相式和单相式两种，在三相式电压互感器中又有三相二柱式和二相五柱式两种。从使用绝缘介质上又可分干式、油浸式和六氟化硫等多种。

第二节　电压互感器二次回路

一、二次回路接线方式

电压互感器的二次接线主要有单相接线、单线电压接线、V/V 接线、星形接线、三角形接线、中性点安装有消谐电压互感器的星形接线。

（1）单相接线。如图 5-1（a）所示，单相接线常用于大电流接地系统判线路无压或同期，可以接任何一相，但另一判据要用母线电压的对应相。

（2）单线电压接线。如图 5-1（b）所示，主要用于小电流接地系统判线路无压或同期，因为小电流接地系统允许单相接地，如果只用一只单相对地的电压互感器，如果电压互感器正好在接地相时，该相测得的对地电压为零，则无法检定线路是否确已无压，如果错判则可能造成非同期合闸。该接线也可用两只分别接于两相的单相电压互感器来代替，用两相间的线电压来判断无压或同期。用以检定同期或线路无压的线路电压互感器常采用电容型或电压抽取装置。电压抽取常利用高频通道中的结合电容器来抽取电压，利用电压抽取装置可做到不需要增加一次设备就可获得所需的二次电压，有较好的技术经济效益。

（3）V/V 接线。如图 5-1（c）所示，主要用于小电流接地系统的母线电压测量，它只要两只接于线电压的电压互感器就能完成三相电压的测量，节约了投资。但是该接线在二次回路无法测量系统的零序电压，当需要测量零序电压时，不能使用该接线。

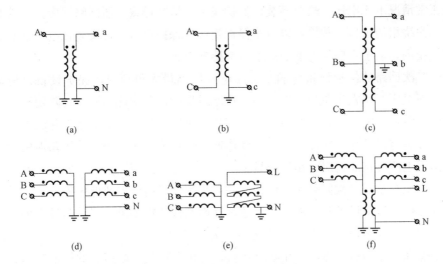

图 5-1 电压互感器二次回路接线方式

(a) 单相接线；(b) 单线电压接线；(c) V/V 接线；(d) 星形接线；

(e) 三角形接线；(f) 中性点安装有消谐电压互感器的星形接线

（4）星形接线与三角形接线。如图 5-1 (d)、(e) 所示，常用于母线测量三相电压及零序电压。对于三角形接线的电压互感器二次侧，因系统正常运行时无电压，所以其输出的引线上不能安装低压断路器或熔断器，否则低压断路器跳闸或熔断器熔断时无法检测，如果该回路使用中没有负载，开口三角处不能短接，否则在系统中发生接地故障时要影响其他二次侧电压的正确测量，出现长时间接地故障时可能会造成电压互感器二次绕组烧坏。

（5）中性点安装有消谐电压互感器的星形接线。如图 5-1 (f) 所示，在小电流接地系统中，当单相接地时允许继续运行 2h，由于非接地相的电压上升到线电压，是正常运行时的 $\sqrt{3}$ 倍，特别是间隙性接地还有暂态过电压，这将可能造成电压互感器铁芯饱和，引起铁磁谐振，使系统产生谐振过电压。所以使用在小电流接地系统的电压互感器均要考虑消谐问题。消谐措施有多种，在开口三角形绕组输出端子上接电阻性负载或电子型、微机型消谐器是其中之一。

二、电压互感器二次回路的保护

电压互感器相当于一个电压源，当二次回路发生短路时将会出现很大的短路电流，如果没有合适的保护装置将故障切除，会烧坏电压互感器。电压互感器二次侧应在各相回路配置保护用的熔断器或低压断路器。开口三角形绕组回路正常情况下无电压，故可不装设保护设备。熔断器或低压断路器应尽可能靠近二次绕组的出口处装设，以减小保护死区。保护设备通常安装在电压互感器端子箱内，端子箱应尽可能靠近电压互感器布置。

二次回路的保护设备应满足：在电压回路最大负荷时，保护设备不应动作；而电压回路发生单相接地或相间短路时保护设备应能可靠地切除短路；在保护设备切除电压回路的短路过程中和切除短路之后，反应电压下降的继电保护装置不应误动作，即保护装置的动作速度要足够快；电压回路短路保护动作后出现电压回路断线应有预告信号。

电压互感器二次回路保护设备，一般采用快速熔断器或低压断路器。采用熔断器作为保护设备时，能满足上述选择性及快速性要求，报警信号需要在继电保护回路中实现。采用低压断路器作为保护设备时，除能切除短路故障外，还能保证三相同时切除，防止缺相运行，并可利用低压断路器的辅助触点，在断开电压回路的同时也切断有关继电保护的正电源，防止保护装置误动作，或由辅助触点发出断线信号。

电压回路采用哪种保护方式，主要取决于电压回路所接的继电保护和自动装置的特性。电压回路故障不能引起继电保护和自动装置误动作的情况下，应首先采用简单方便的熔断器作为电压回路的保护。在电压回路故障有可能造成继电保护和自动装置不正确动作的场合，应采用低压断路器，作为电压回路的保护，以便在切除电压回路故障的同时，也闭锁有关的继电保护和自动装置。在实际工程中，通常在的 66kV 及以下没有接距离保护的电压互感器二次回路和测量仪表专用的电压回路，都采用快速熔断器保护；对于接有距离保护的电压回路，通常采用低压断路器作为保护设备。

近年来生产的距离保护装置一般都具有性能良好的电压回路断线闭锁装置电压回路故障不会引起保护误动。有些运行现场在接有距离保护的电压回路也采用了熔断器作为电压回路的故障保护，运行情况良好。因此，电压回路的保护方式，要根据工程的具体情况确定。

三、电压二次回路的接地

电压互感器二次回路必须且只能在一点接地，接地的目的主要是防止一次侧高压通过互感器绕组之间的电容耦合到二次侧，可能对人身及二次设备安全造成威胁。同时，如果有两点接地或多点接地，当系统发生接地故障，地电网各点间有电压差时，将会有电流从两个接地点间流过，在电压互感器二次回路产生电压降，该电压降将使电压互感器二次电压的准确性受到影响，严重时将影响保护装置动作的准确性。其接地点与二次侧中性点接地方式、测量和保护电压回路供电方式以及电压互感器二次绕组的个数有关。

　　主要的电压互感器二次绕组接地方式，有 B 相接地和中性点接地两种。大电流接地系统，电压互感器主二次绕组宜采用中性点直接接地方式；小电流接地系统，电压互感器主二次绕组，宜采用 B 相接地方式。B 相接地，在小电流接地系统中，用两个单相电压互感器接成 V/V 接线就可获得三个对称的线电压，可节省投资。在采用线电压同步的情况下，B 相接地能简化同步回路接线，不会因相别搞错而造成非同期并列。但 B 相接地，不能测量相电压，也不能接绝缘监视仪表。为了安全，采用 B 相接地的星形接线电压互感器中性点，应通过击穿保险器接地。击穿保险器动作或 A、C 相任一相接地，将造成二次绕组单相或两相短路。为了避免整个电压二次回路 B 相接地带来的弊端，或两个系统同期电压采样由于变压器联结组别不同存在的相角差，常常采用 100V/100V 的小变压器进行隔离或转角，以满足同步系统的需要。在反措中，已明确要求取消 B 相接地的方式。

　　电压互感器二次绕组中性点直接接地方式，虽然要求用三台单相电压互感器接成星形接线，与 B 相接地相比要增加一台电压互感器。但无论是对于大电流接地系统，还是对小电流接地系统，这种接地方式，接线比较简单，能获得相电压和线电压，接线的功能齐全。

　　110～500kV 系统为大电流接地系统，而 10～35kV 系统一般为小电流接地系统。在同一个升压站中电压互感器采用两种不同的接地方式，容易造成错误接线，影响测量仪表和继电保护的安全，也不利于运行维护，鉴于这种情况，同一升压站中各电压等级的电压互感器应统一采用一种接地方式。

第三节　　电压互感器的使用

一、接线形式的选择

　　电压互感器的接线方式如前所述，常用的主要有 V/V 接线和星形—星形/开口三角形接线两种，如图 5-1 所示。

　　V/V 接线方式为不完全三角形接线，其一次绕组不能接地，二次绕组接地。V/V 接线的特点是：只用两支单相电压互感器就可以获得三个对称的相电压和相对中性点的线电压，但是无法得到相对地的电压。V/V 接线以前较广泛地应用于各种电测仪表，目前新建 110kV 变电站已经不再使用这种接线方式。

星形—星形/开口接线是目前广泛采用的接线方式，其一次绕组和二次绕组均接地。在这种接线方式中，从星形二次绕组可以获得相对地的电压、线电压和相对中性点电压。根据相关规程要求，计量电压必须单独使用一组二次绕组。所以，在电压互感器二次侧，一般每相配置三个线圈，两个分别用于两组星形接线，一个用于开口三角形接线。

二、接地方式的选择

图5-1中所示的接地方式仅仅是一种示意，实际上，电压互感器一次绕组和二次绕组的接地点是分开的，实际接线的原理如图5-2所示。

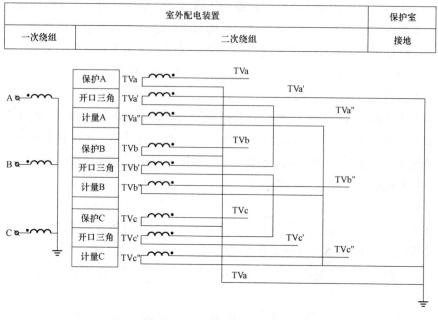

图5-2 电压互感器接地图

图5-2中可以看出，电压互感器的一次绕组在开关场接地，二次绕组在控制室一点接地（一般是在电压切换装置上汇集成一点，然后接地）。需要注意的是，三个二次绕组的接地线 N600 是通过三根独立的电缆汇合到控制室接地点的。保护电压和计量电压的相线在进入电压切换装置之前，还必须经过开关电器（低压断路器或熔断器），而地线则不经过开关电器。

三、保护的选择

电压互感器的二次电压在进入微机保护装置之前必须经过重动装置。所谓重动，就是使用一定的控制电路使电压互感器二次绕组的电压状态（有/无）和电压互感器的运行状态（投入/退出）保持对应关系，避免在电压互感器退出运行时，二次绕组向一次绕组反馈电压，造成人身或设备事故。

在变电站一次电气主接线为桥形接线、单母分段等含有分段断路器的接线方式下，两段母线的电压互感器二次电压还应经过并列装置，以使微机保护装置在本段母线电压互感器退出运行而分段断路器投入的情况下，从另一段母线的电压互感器二次绕组获得电压。

电压切换指的是一个一次电气主接线形式为双母线的电气设备依靠隔离开关在两条母线之间变换位置时，其二次设备如何对应的变换电压的来源，即在两段母线上的两组电压互感器重动后的输出端上切换。

重动、电压并列、电压切换的区别在于重动和电压并列是针对电压互感器的二次回路而言的，这两个概念适用于某个电压等级母线上的所有电压互感器的配合，而电压切换只针对双母线接线的线路或变压器保护而言。

目前，大多数厂家都将重动和电压并列两种功能整合为一台装置。如国网许继集团的 ZYQ‐824、南瑞继保的 RCS‐9663D 等，习惯性称为"电压并列装置"。

1. 电压并列

以图 5‐3 所示电气主接线，ZYQ‐824 装置为例来说明电压重动、并列的基本原理。

图 5‐3 所示电气主接线为单母线分段接线，两段母线依靠分段断路器和隔离开关（QF、QS3、QS4）联络或断开，每段母线上均有一组电压互感器（TV1、TV2）通过隔离开关（QS1、QS2）与母线相连。这些符号在图 5‐3 中代表高压配电装置，在图5‐4 中代表各自的辅助触点。

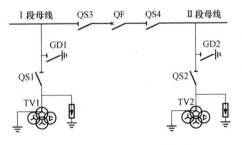

图 5‐3　单母线分段主接线

图 5‐4 所示为 ZYQ‐824 的重动、并列启动回路。端子 7D37 外接正电源，7D48 外接负电源，各辅助触点的状态（开/闭）决定了回路的状态（通/断），实质上起到了开关电器的作用。从图 5‐4 中可以看出，Ⅰ母电压重动的条件是 QS1 动合触点闭合，即Ⅰ母电压互感器处于运行状态；复归条件是 QS1 动断触点闭合，即Ⅰ母电压互感器退出运行。Ⅱ母电压重动回路与Ⅰ母类似。Ⅰ

母与Ⅱ母电压的并列回路是由分段开关 QF、1QS 和 2QS 的状态决定的，回路动作原理与重动回路也是相似的。不同的是，在回路中增加了切换开关 7QK。7QK 的①②触点导通表示"允许操作"，即①②触点导通后，由分段断路器即隔离开关状态变化造成的并列回路的自动启动或复归都是允许的，①②触点断开后，此功能被禁止；7QK 的③④触点导通表示"并列复归"，即不论分段断路器和隔离开关的状态如何，都可以通过手动操作 7QK 强制取消电压并列。

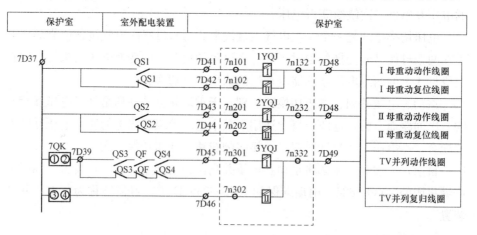

图 5 - 4 ZYQ - 824 的重动、并列启动回路

在电压互感器 TV1 运行时，即隔离开关 QS1 闭合后，"Ⅰ母重动动作线圈"1YQJ 带电；在电压互感器 TV1 退出运行时，即隔离开关 QS1 断开后，"Ⅰ母重动动作线圈"1YQJ 失电；2YQJ 动作原理与 1YQJ 类似；在两端母线并列运行时，即断路器 QF 与隔离开关 1QS、2QS 闭合后，"TV 并列动作线圈"3YQJ 带电，此时，一般只有一组电压互感器在运行状态，另外一台退出运行。简单地讲，在两段母线都投入运行的情况下，1YQJ、2YQJ、3YQJ 存在三种组合形式，见表 5 - 1。

表 5 - 1　　　　　　　　　重动、并列回路三种组合形式

继电器线圈状态	含　义
1YQJ 带电、2YQJ 带电、3YQJ 失电	两段母线分列运行，TV1、TV2 均投入运行
3YQJ 带电、1YQJ 带电、2YQJ 失电	两段母线并列运行，TV1 投入运行，TV2 退出运行
3YQJ 带电、2YQJ 带电、1YQJ 失电	两段母线并列运行，TV2 投入运行，TV1 退出运行

　　图 5 - 5 所示为 ZYQ - 824 的重动、并列接线展开回路。TV1 投入运行后，
Ⅰ段母线电压从电压互感器输出后，经低压断路器 1QF、2QF 后，由控制电
缆接入 ZYQ - 824 的重动继电器 1YQJ 的动合触点。由于 TV1 投入，隔离开
关 1QS 闭合从而使 1YQJ 带电，1YQJ 动合触点闭合。电压从 1YQJ 动合触点
输出后即完成电压重动，接入电压小母线用于输出。所有在一次主接线上连接
于Ⅰ段母线电气设备的二次装置的保护、测控电压取得点均为输出端 11，计
量电压取得点为输出端 12。TV2 投入运行后的情况与 TV1 类似。

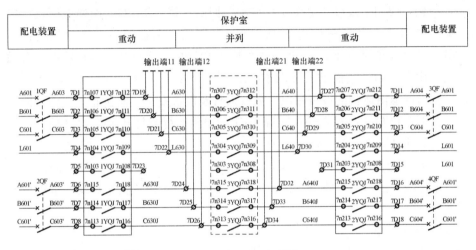

注：1. 输出端 11：Ⅰ段保护、测量电压输出，输出端 12：Ⅰ段计量电压输出。
　　2. 输出端 21：Ⅱ段保护、测量电压输出，输出端 22：Ⅱ段计量电压输出。

图 5 - 5　ZYQ - 824 的重动、并列接线展开回路

　　由此看出，虽然将重动、并列两个词连在一起说，但是在实际中的情况
是，电压在进入二次装置前必须经过"重动"，未必经过"并列"。那么并列到
底是如何起作用的呢？

　　以两段母线并列运行、TV1 投入运行、TV2 退出运行分析，如果没有图
5 - 3、图 5 - 4 中的电压并列回路，则一切从输出端 21、输出端 22 取电压的二
次设备都会失去电压。事实上，由于分段断路器 QF 和隔离开关 QS3、QS4 的
闭合，使 3YQJ 带电，3YQJ 动合触点闭合后会将输出端 11 与输出端 21 导通，
输出端 12 与输出端 22 导通，从而使连接于Ⅱ段母线上的电气设备的二次装置
能够取得电压。当然，这个电压是由 TV1 提供的，也就是说此时从编号为
"640"的Ⅱ段电压小母线取得的电压其实是编号为"630"的Ⅰ段电压互感器
电压经过重动、并列回来送来的，不过这在逻辑上并没有混乱，因为分段断路

55

器合闸后，一次主接线实际上就从单母线分段变成了单母线，任何一组电压互感器提供的电压供给原来任何一段母线上的电气设备的二次装置都没有问题。另外一个问题，之所以要用 QF、1QS、2QS 的动合触点串联来启动 3YQJ，是因为这样才能保证两段母线在并列运行，单独的 QF 动合触点只能保证分段断路器在合位。可见，电压重动、并列的二次接线回路与一次主接线的变化是完全一致的。

下面讨论一下"重动"对设备及人身伤害的预防作用是如何实现的。以图 5-4 为例，假如Ⅰ段母线电压无"重动"回路，将 TV1 的二次侧电压直接接至输出端 11 上，Ⅱ段母线电压有"重动"回路，则在两段母线并列运行且 TV1 退出运行的情况下，"并列"动作后，TV2 的二次电压被 3YQJ 的动合触点引至输出端 11，进而进入 TV1 的二次绕组，在 TV1 的一次绕组感应出高电压，使已经退出运行的设备带电，危及人身及设备安全。而在有"重动"回路的情况下，1YQJ1 的动合触点随着 TV1 的退出运行被打开了，TV2 的二次电压无法到达 TV1 的二次绕组。

一次主接线为双母线时的情况与单母线分段是一样的，从母线的角度来讲，单母线分段与双母线没有任何区别，不同只在于对连接于母线的电气设备而言。

2. 电压切换

图 5-6 是典型的双母线接线形式，电气设备 A 通过断路器 QF1，隔离开关 QS11 或者 QS12 连接到Ⅰ母或Ⅱ母上。Ⅰ母上接有电压互感器 TV1，Ⅱ母上接有电压互感器 TV2。在母联断路器 QF2 和隔离开关 QS21、QS22 闭合的情况下，显然，通过在隔离开关 QS11 和 QS12 之间切换，可以使 A 分别接至Ⅰ母或Ⅱ母。我们希望的情况是，在 A 接至Ⅰ母时，从 TV1 取得电压，接至Ⅱ母时，从 TV2 取得电压。

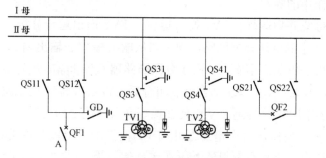

图 5-6　典型的双母线接线

首先，电压重动和并列的情况与以上分析的重动并列回路是一样的，那么我们要做的就是如何使电压（以保护电压为例）取得点在输出端 11 和输出端 21 之间随着 QS11 和 QS12 的状态而切换。

图 5-7 所示为电压切换回路的启动回路，当 A 通过断路器 QF1、隔离开关 QS11 连接至 Ⅰ 母时，1QS 动合触点闭合，继电器 1YQJ～1YQJ5 带电；在接线展开图 5-8 中，1YQJ～1YQJ5 动合触点闭合，将输出端 11 的电压接进二次设备。

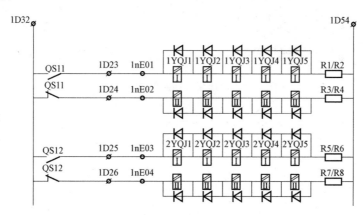

图 5-7 电压切换回路的启动回路

当需要将 A 改接至 Ⅱ 母时，先将 QS12 合上，此时继电器 2YQJ～2YQJ5 被启动，其动合触点闭合，将输出端 21 的电压接进二次设备；随后断开 QS11，QS11 的动断触点闭合，使 1YQJ～1YQJ5 复归，其动合触点断开。在这一动作中，重点需要注意的是，进行上述操作前必须保证图 5-6 中母联断路器 QF 及隔离开关 QS21、QS22 都在合位，即 Ⅰ 母、Ⅱ 母已经处于并列运行状态，即 TV1、TV2 的二次电压已经并列，否则在 QS12 闭合后，存在一个 QS11、QS12 同时闭合的时间段（此时报"切换继电器同时动作信号"），输出端 11 和输出端 21 的电压会在图 5-8 中实心点位置短接在一起，如果此时两条母线未并列运行，就会出现在此处强行将两条母线的二次电压并列的情况，这是绝对不允许的。当然，运行规程和操作票都会禁止这种情况的出现，我们在此只是从二次接线的逻辑上讨论一下这个不太可能出现的事故。

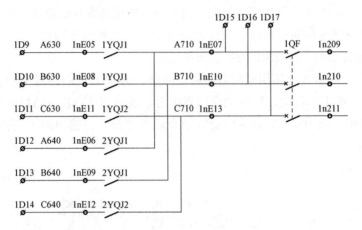

图 5-8　电压切换回路的展开接线图

第六章

断路器操作

断路器是一切继电保护及自动装置二次回路逻辑的最终执行元件，或者说，变电站内所有的微机保护和自动装置动作的最终结果不是让断路器跳闸，就是让断路器合闸。断路器在变电站中的作用是如此之大，以至于变电站的大部分二次回路都是围绕对断路器的控制展开的。

断路器的分类方法有很多种，例如按照操动机构的不同分为弹簧机构断路器、气动机构断路器和液压机构断路器；按照工作介质的不同分为六氟化硫（SF_6）断路器、真空断路器和油断路器；按照工作电压的不同分为高压断路器、中压断路器等。按照不同分类方法分出的不同类型之间是可以互相组合的，如 SF_6 弹簧断路器、真空弹簧断路器等。气压机构、液压机构以及油绝缘断路器逐渐退出运行，本章只以采用弹簧机构、SF_6 绝缘或真空绝缘的断路器为范例进行讲述。

第一节　断路器操作的概述

断路器的控制回路主要包括断路器的跳、合闸操作以及相关闭锁回路。一个完整的断路器控制回路由微机测控、操作把手、切换把手、操作箱和断路器机构箱组成。断路器的操作类型按照操作命令的来源不同分为手动操作和自动操作，按照操作地点的不同分为远方操作和就地操作。就地操作必然是手动操作，远方操作可能是手动操作，也可能是自动操作。

另外，"就地"只是一个相对的概念，它的基准点在"远方/就地"切换把手所安装的位置。在 110kV 断路器的操作回路中，一般有两个切换把手，一个安装在微机测控屏，一个安装在断路器机构箱。对微机测控屏的切换把手而言，使用微机测控屏上的操作把手进行操作属于"就地"，来自综合自动化系统后台或集控中心通过远动系统传来的操作命令都属于"远方"；对机构箱的切换把手而言，在机构箱使用操作按钮进行操作属于"就地"，一切来自主控室的操作命令都属于"远方"。简单地讲，切换把手与操作把手（按钮）必然是结合使用的，某个切换把手配套的操作把手的操作属于"就地"，其余的操作类型都属于"远方"。例如，使用操作把手进行操作时，对微机测控屏上的操作把手属于"就地"，对机构箱的切换把手则属于"远方"。

一、断路器的合闸操作

断路器的合闸操作分为手动合闸和自动合闸两种。手动合闸包括在断路器机构箱合闸、在断路器微机操作箱合闸、远方合闸（利用综合自动化系统后台或在集控中心进行合闸操作等）。自动合闸包括重合闸、自动装置（备自投装置等自动装置动作）合闸。

二、断路器的跳闸操作

断路器的跳闸操作分为手动跳闸和自动跳闸两种。手动跳闸包括在断路器机构箱跳闸、在断路器微机操作箱跳闸、远方跳闸（利用综合自动化系统后台或在集控中心进行跳闸操作等）。自动跳闸包括自身保护（与该操作箱配套的微机保护动作）跳闸、外部保护（母线保护、失灵保护等保护装置动作）跳闸、自动装置动作（备自投装置、低周减载、解列等装置动作）跳闸、偷跳（由于某种原因断路器自己跳闸）。

三、断路器操作的闭锁

断路器操作的闭锁回路，根据断路器电压等级和工作介质的不同也有不同，但是总的来讲也可以分为两类：操作动力闭锁和工作介质闭锁。

操作动力闭锁指的是断路器操作所需动能的来源发生异常，禁止断路器进行操作。例如，弹簧机构断路器的"弹簧未储能禁止合闸"，气压机构的"空气压力低禁止操作"等。

工作介质闭锁指的是断路器操作所需绝缘介质浓度异常，为避免发生危险而禁止断路器操作，如 SF_6 断路器的"SF_6 压力降低禁止合闸"等。

第二节　110kV SF_6 断路器机构箱

SF_6 断路器是 110kV 电压等级最常用的开断电器，关于它的控制，本节选用的模型是 LW25-126 型 SF_6 断路器，其广泛应用于 110kV 电压等级，具有一定的代表性，结构如图 6-1 所示。

图 6 - 1　LW25 - 126 型 SF₆ 断路器

一、操动机构

LW25 - 126 型 SF₆ 断路器采用弹簧机构，断路器机构箱控制回路如图 6 - 2 所示。主要部件的符号与名称对应关系见表 6 - 1。

表 6 - 1　　　　　LW25 - 126 型 SF₆ 断路器控制回路主要部件

符号	名称	备注
11 - 52C	合闸操作按钮	手动合闸
11 - 52T	分闸操作按钮	手动跳闸
43LR	"远方/就地"切换开关	
52Y	防跳继电器	
88M	储能电机接触器	动作后接通电机电源
48T	电动机超时继电器	
49M	电动机过电流继电器	
49MX	辅助继电器	反映电机过电流、过热故障
33hb	合闸弹簧限位开关	
33HBX	辅助继电器	反映合闸弹簧储能状态
52a、52b	断路器辅助触点	52a 为动合触点、52b 为动断触点
63GL	SF₆低气压闭锁触点	压力降低时，其触点闭合
63GLX	SF₆低气压闭锁继电器	压力降低时，通电，动断触点打开
49MT	49MX 复归按钮	复归 49MX，现场增加

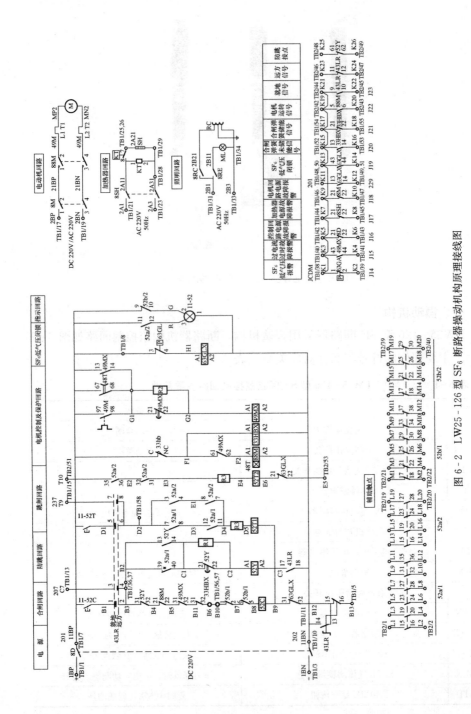

图 6-2 LW25-126 型 SF₆ 断路器弹簧操动机构原理接线图

LW25‑126 型 SF$_6$ 断路器的操作回路中，有一个"远方/就地"切换开关 43LR。"就地"是指在断路器本体机构箱使用合闸按钮 11‑52C 或分闸按钮 11‑52T 操作，"远方"是指一切通过微机操作箱向断路器发出的跳、合闸指令。正常运行情况下，43LR 处于"远方"状态，由操作人员在控制室对断路器进行操作；对断路器进行检修时，将 43LR 置于"就地"状态，在断路器本体进行跳、合闸试验。

二、合闸回路

1. 就地合闸

43LR 在"就地"状态时，合闸回路由动断触点 11‑52C、52Y、88M、49MX、33HBX、52b、52C 和 63GLX 组成。合闸回路处于准备状态（按下 11‑52C 即可成功合闸）时，断路器需要满足以下条件：

（1）52Y 动断触点闭合。52Y 是防跳继电器，防跳是指防止在手合断路器于故障线路且发生手合按钮（或开关）触点粘连的情况下，由于"线路保护动作跳闸"与"手合开关触点粘连"同时发生造成断路器在"合闸"与"跳闸"之间发生"跳跃"的情况。由于微机保护操作箱和断路器都配置了防跳回路，参照相关技术文件的要求，一般将断路器本体机构箱中的防跳回路拆除，只保留微机操作箱中的防跳回路。

由于 LW25‑126 型 SF$_6$ 断路器的防跳回路与典型防跳回路在原理上存在一定差异，所以在此也进行一下比较。传统的防跳回路经简化如图 6‑3～图 6‑5 所示，图中备注文字详细介绍了各个动作阶段的回路状态及电路分析。

从图 6‑3～图 6‑4 中可以得出这样的结论：防跳回路起作用是由跳闸开始的，即"跳闸"动作启动了防跳回路，在"合闸于故障线路且合闸触点粘连"的情况下，跳闸后断路器就不可能进行第二次合闸操作；在"合闸于故障线路而合闸触点不粘连"的情况下，其实防跳回路并没有被完整的启动（电压线圈未启动），实际上无法形成对合闸操作的闭锁；在"合闸于正常线路且合闸触点不粘连"的情况下，防跳回路完全不启动。

图 6‑2 所示断路器本体的防跳回路可以简化成图 6‑6 所示。

从图 6‑6 中可以看出，按下手合按钮 11‑52C 合闸后，如果 11‑52C 在合闸后发生粘连，则 52Y 通过手合开关的粘连触点、断路器动合触点 52a、52Y 动断触点启动，52Y 动合触点通过手合按钮的粘连触点和电阻 R1 实现自保持，52Y 动断触点断开合闸回路。也就是说，在发生"手合按钮粘连"的情况下，52Y 的防跳功能是由断路器的合闸操作启动的，即"合闸"之后，断路器

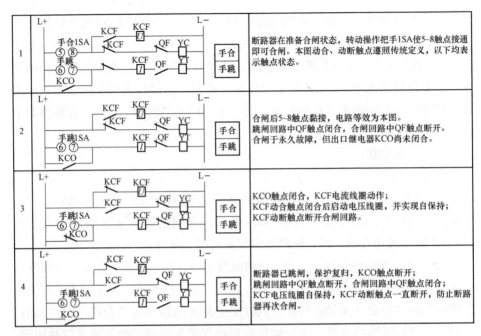

图6-3 "合闸于故障点且1SA合闸触点粘连"情况下传统防跳回路的动作过程

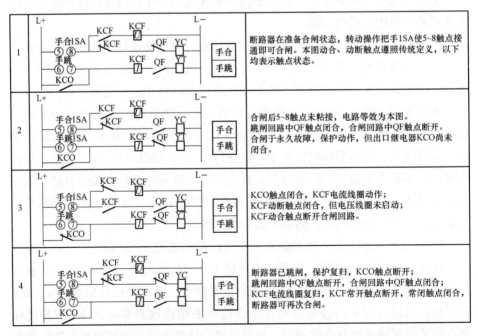

图6-4 "合闸于故障点但1SA合闸触点不粘连"情况下传统防跳回路的动作过程

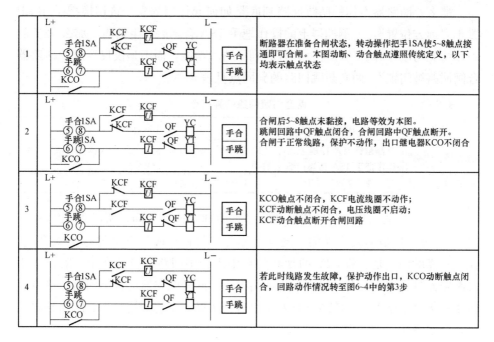

图 6-5　"合闸于正常线路"情况下传统防跳回路

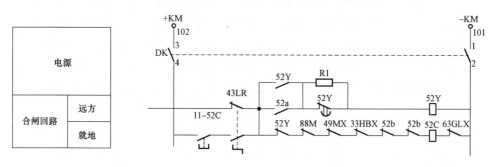

图 6-6　简化的断路器本体防跳回路

合闸回路已经被闭锁。这就是 LW25-126 防跳回路的动作原理，也是与常规防跳回路的区别。

　　如果手合断路器于故障线路，由于是用 11-52C 合闸，切换把手 43LR 在"就地"位置，"保护跳闸命令"根本无法传输到断路器跳闸回路，必然造成越级跳闸从而使事故范围的扩大。这也就是为什么在将断路器投入运行的时候，必须在"远方"操作，不仅仅是因为保护人身安全的需要。

那么，断路器本体的防跳回路到底是如何起作用的呢？将切换把手43LR置于"远方位置"，若测控屏上的操作把手1SA合闸后发生粘连，那么52Y的动作情况与刚才分析的一样，并且起到了防跳功能，而不是仅仅形成"断路器合闸回路被闭锁"。两套防跳回路的异同点见表6-2。

表6-2 两套防跳回路的异同点

名称	相同点	不同点
操作箱"防跳"	都是针对测控屏上的操作把手1SA粘连；都能实现"防跳"功能	由"跳闸"动作启动；"粘连"而无故障跳闸时，不启动
断路器"防跳"		由"合闸"动作启动；只要"粘连"就启动

由于52Y的动作原理与传统"防跳"原理有这些不同，所以将52Y称为"防跳"继电器是不太严谨的，同样，称为"闭锁合闸"继电器也不太合适。比较严谨的说法是：将52Y的动断触点串入合闸回路的目的在于，防止在手合断路器且发生手合开关触点粘连的情况下，断开断路器的合闸回路。或者说防止在手合断路器于故障线路且发生手合开关触点粘连的情况下，断路器自己进行合闸操作。

（2）88M动断触点闭合。88M是合闸弹簧储能电机的接触器，它由合闸弹簧限位开关33hb启动。弹簧未储能时，33hb动断触点闭合启动88M，88M的动合触点闭合启动电机开始储能，88M的动断触点打开从而断开合闸回路，实现闭锁功能。弹簧储能完成后，33hb动断触点打开使88M失电，88M动合触点打开断开电机电源回路。88M动断触点闭合表示"电机停止运转"。

断路器机构内有两条弹簧，分别是合闸弹簧与跳闸弹簧。合闸弹簧依靠电机牵引进行储能（压缩），跳闸弹簧依靠合闸弹簧释放（张开）时的势能储能。断路器合闸结束后，合闸弹簧限位开关33hb自动启动电机回路进行储能，电机转动将合闸弹簧压缩到一定程度后停止运转，合闸弹簧由定位销卡死。在下一次合闸弹簧释放前，电机均不再运转。在排除电机故障的情况下，"电机停止运转"在一定程度上表示"合闸弹簧储能完成"。

将88M动断触点串入合闸回路的目的在于，防止在弹簧正在储能的那段时间内（此时弹簧尚未完全储能）进行合闸操作。

（3）49MX动断触点闭合。49MX是一个辅助继电器，它是由"电机过电流继电器"49M或"电机超时继电器"48T启动的，概括地说，它代表的是电机故障。在电机发生故障后，49M或48T通过49MX的动断触点启动49MX，而后49MX通过其动合触点及电阻R2实现自保持，其动断触点打开以断开合闸回路，实现闭锁功能。49MX 动断触点闭合表示"电机正常"。

在图 6-2 中，在 49MX 的自保持回路接通以后，存在无法复归的问题。即使电机故障已经排除，49M 和 48T 已经复归，49MX 仍然处于动作状态，其动断触点一直断开合闸回路。最初，检修人员只能断开断路器操作回路的电源开关使 49MX 复归；也可以在 49MX 的自保持回路中串接一个复归按钮，以解决这个问题。

合闸弹簧释放后（即合闸成功）后，将自动启动电机进行储能。如果电机存在故障，则合闸弹簧储能就不能正常完成，从而导致无法进行下一次合闸操作。在实际运行中，手合断路器成功后，如果电机故障造成合闸弹簧储能失败而断路器继续运行，则在事故情况下，断路器重合闸必然失败。

将 49MX 的动断触点串入合闸回路的目的在于，防止将电机已经发生故障的断路器合闸。

（4）33HBX 动断触点闭合。33HBX 是一个辅助继电器，它是由"合闸弹簧限位开关"33hb 的动断触点启动的。33hb 的动断触点闭合表示的是"合闸弹簧未储能"，它同时启动电机接触器 88M 和"合闸弹簧未储能继电器"33HBX，88M 的动合触点接通电机回路进行储能，33HBX 的动断触点打开，断开合闸回路，实现闭锁功能。33HBX 的动断触点闭合表示的是"合闸弹簧已储能"。

将 33HBX 的动断触点串入合闸回路的目的在于，防止弹簧未储能时进行合闸操作，由于合闸保持继电器的作用导致合闸线圈烧毁。

（5）断路器的动断辅助触点 52b 闭合。断路器的动断辅助触点 52b 闭合表示的是"断路器处于分闸状态"。从图 6-2 中可以看出，有两个 52b 的动断触点串联接入了合闸回路，这和传统控制回路图中的一个动断触点是不一致的。这是由于，断路器的辅助触点和断路器的状态在理论上是完全对应的，但是在实际运行中，由于机件锈蚀等原因都可能造成断路器变位后辅助触点变位失败的情况。将两对辅助触点串联使用，可以确保断路器处于这种触点所对应的状态。

断路器和其辅助触点的联动变位是通过机械传动实现的，这是传统的辅助触点的设计思路，也是目前应用最广泛的。目前，还有一种依靠永磁铁和装有磁性簧片的真空管工作的辅助触点，真空管中有两只簧片，一片作为动触头，一片作为静触头，永磁铁与断路器联动。动合触点真空管中的动触头与永磁铁磁性相反，动断触点真空管中的动触头与永磁铁磁性相同，两种真空管在一个平面内相差 90°角布置。永磁铁随断路器位置的变化转动，将动合触点真空管两只簧片吸合，或将动断触点真空管两只簧片顶开。将断路器动断辅助触点 52b 串入合闸回路的目的在于，保证断路器处于分闸状态，更重要的是，52b 用于在合闸操作完成后切断合闸回路。

（6）63GLX 动断触点闭合。63GLX 是一个辅助继电器，它是由监视 SF_6 密度的气体继电器的辅助触点 63GL 启动的。由于泄漏等原因都会造成断路器内 SF_6 的密度降低，不足以满足灭弧的需要，这时就要禁止对断路器进行操作，通常称为 "SF_6 低压闭锁操作"。63GLX 启动后，其动断触点打开，合闸回路及跳闸回路均被断开，断路器的操作被闭锁。

与前面几对闭锁触点不同的是，63GLX 串入的不仅仅是合闸回路，从图 6 - 2 中可以明显地看出，这对触点闭锁的是 "合闸" 及 "跳闸" 两个回路，所以它的意义是 "闭锁操作"。

将 63GLX 的动断触点串入操作回路的目的在于，防止在 SF_6 密度降低不足以安全灭弧的情况下进行操作而造成断路器损毁。

在满足以上五个条件后，断路器的合闸回路即处于准备状态，可以在 "远方" 或 "就地" 合闸指令发出后完成合闸操作。

2. 远方合闸

针对断路器机构箱而言，远方合闸是指一切通过微机操作箱发来的合闸指令，它包括使用微机操作箱上的操作把手合闸、使用综合自动化系统后台软件合闸、使用远动功能在集控中心合闸等，这些指令都是通过微机操作箱的合闸回路传送到断路器的。

这些合闸指令其实就是一个高电平的电信号，在 43LR 处于 "远方" 状态时，它通过 43LR 以及断路器合闸回路与断路器操作回路的负电源形成回路，启动 52C 完成合闸操作。

"远方合闸" 回路，除了 43LR 在 "远方" 位置且无 11 - 52C 外，与 "就地合闸" 回路是一样的。

三、跳闸回路

1. 就地跳闸

43LR 在 "就地" 状态时，跳闸回路由 11 - 52T、52a 动合触点、52T 和 63GLX 动断触点组成。跳闸回路处于准备状态（按下 11 - 52T 即可成功合闸）时，断路器需要满足以下条件：

（1）断路器的动合辅助触点 52a 闭合。断路器的动合辅助触点 52a 闭合表示的是"断路器处于合闸状态"。从图 6 - 2 中可以看出，跳闸回路使用了 52a 的四对动合触点。每两对动合触点串联，而后再将它们并联，这样既保证了辅助触点与断路器位置的对应关系，又减少了辅助触点故障对断路器跳闸造成影响的概率。

将断路器动合辅助触点 52a 串入跳闸回路的目的在于，保证断路器处于合闸状态，更重要的是，52a 用于在跳闸操作完成后切断跳闸回路。

（2）63GLX 动断触点闭合。63GLX 是一个辅助继电器，它是由监视 SF₆ 密度的气体继电器的辅助触点 63GL 启动的。由于泄漏等原因都会造成断路器内 SF₆ 的密度降低，不足以满足灭弧的需要，这时就要禁止对断路器进行操作，通常称为"SF₆ 低压闭锁操作"。63GLX 启动后，其动断触点打开，合闸回路及跳闸回路均被断开，断路器的操作被闭锁。

与前面几对闭锁触点不同的是，63GLX 串入的不仅仅是合闸回路，从图 6 - 2 中可以明显地看出，这对触点闭锁的是"合闸"及"跳闸"两个回路，所以它的意义是"闭锁操作"。

将 63GLX 的动断触点串入操作回路的目的在于，防止在 SF₆ 密度降低不足以安全灭弧的情况下进行操作而造成断路器损毁。

在满足以上两个条件后，断路器的跳回路即处于准备状态，可以在"远方"或"接地"跳指令发出后完成跳闸操作。

2. 远方跳闸

针对断路器机构箱而言，远方跳闸是指一切通过微机操作箱发来的跳闸指令，它包括使用微机操作箱上的操作把手跳闸、使用综合自动化系统后台软件跳闸、使用远动功能在集控中心跳闸等，这些指令都是通过微机操作箱的跳闸回路传送到断路器的。

这些跳闸指令其实就是一个高电平的电信号，在 43LR 处于"远方"状态时，它通过 43LR 以及断路器的跳闸回路与断路器操作回路的负电源形成回路，启动 52T 完成跳闸操作。

四、辅助回路

辅助回路指的是除合闸回路、跳闸回路之外的其他电气回路，包括各种闭锁回路、信号回路、电机回路、加热器回路等。

1. 闭锁回路

闭锁回路包括"合闸弹簧未储能闭锁合闸""合闸弹簧储能电机故障闭锁合闸""SF₆ 压力降低闭锁断路器操作"。

2. 信号回路

信号回路均为空触点形式，可接入光字牌报警系统或微机测控装置，主要包括"SF_6压力降低报警""SF_6压力降低闭锁操作""电机故障""合闸弹簧未储能"等。

3. 电机回路

电机回路包括电机控制回路和电机电源回路。电机控制回路由合闸弹簧限位开关动断触点 33hb 和电机接触器 88M 组成，合闸弹簧释放后，33hb 闭合启动 88M 后，由 88M 启动储能电机。

电机在断路器合闸后（合闸弹簧释放失去势能）开始运转储能。储能结束后，即使断路器机构失去工作电源，在断路器跳闸后仍然可以保证进行一次合闸操作。考虑事故情况下全站失压的情况，为保证对断路器的多次控制，目前多采用直流电机。

4. 加热器回路

加热器回路由温湿度控制器 KT 自动控制。当断路器机构箱内温度偏低、湿度偏高时，KT 的动合触点启动加热器，对断路器机构箱进行加热、除潮，避免由于环境原因对操动机构运行造成影响。

第七章

110kV 线路保护二次接线

在风电场升压站中，针对 110kV 线路间隔配置的二次设备主要包括微机线路保护装置（带操作箱）、微机测控装置、断路器机构箱控制回路。本文选择的模型是 RCS-943A 数字式输电线路成套保护装置（含微机操作箱），PSR662U 数字式综合测控装置，LW25-126 SF$_6$ 绝缘弹簧机构断路器。

RCS-943A 是南瑞继保公司生产的广泛用于 110kV 线路的微机保护组装置，可作为 110kV 线路的主保护及后备保护。RCS-943A 包括完整的三段相间和接地距离保护、四段零序方向过电流保护和低周保护；配备三相一次重合闸、过负荷告警、频率跟踪采样功能；配备操作回路及交流电压切换回路。

PSR662U 是国电南自生产的综合测控装置，按间隔设计，广泛应用于110kV 电压等级。PSR662U 的功能主要包括遥控（断路器及所有采用电动机构的隔离开关）、遥信（状态量、告警、BCD 码等）、交流量采集（交流电流、电压）、直流量采集（直流电压、主变压器温度）等。根据工程的实际需要，可以对各种功能在 PSR662U 中的配置量进行调整。

第一节　RCS-943A 保护装置

一、主要技术指标

直流电压为 220V，包括保护装置的工作电源（即"保护电源"）、操作箱的控制电源（即"操作电源"）、电压切换回路的直流电源。

交流电压为 $100/\sqrt{3}$V，从电压互感器二次侧输入 RCS-943A 用于继电保护功能的交流电压，数值为相电压值。

交流电流为 5A 或 1A，从电流互感器二次侧输入 RCS-943A 用于继电保护功能的交流电流。

额定频率为 50Hz，交流电压、交流电流的频率。

二、电源回路

RCS-943A 的电源回路如图 7-1 所示。从同一电源干线经不同低压断路器引出的不同电源分支，开关投退相互独立，可视为来自不同的电源。

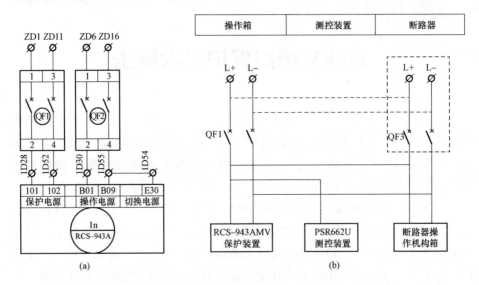

图 7-1　电源回路

（a）RCS-943A 的电源回路；（b）操作箱与测控装置，断路器的电源回路配合

从图 7-1（a）可以看出，低压断路器 QF1、QF2 的输入端来自同一个电源（屏顶直流小母线），其输出端分别进入 RCS-943A 的两个不同功能模块，则可认为 RCS-943A 的保护电源、操作电源来自不同的电源。

规程要求"保护电源与操作电源必须分开""一个断路器的操作回路只有一个电源"。操作电源从 QF2 接入 RCS-943A 的操作回路后，通过控制电缆将 L＋接至测控装置，通过控制电缆将 L＋、L－都接至断路器机构箱。图 7-1 中虚线框中的低压断路器 QF3 安装在断路器机构箱内，在实际工程中，QF3 是不允许投入的。图中虚线代表的控制电缆实际是不存在的。两个有源回路之间是不允许有电气联系的。如果存在虚线，在直流电源进入 QF2 之前将其接入 QF3，则在 QF3 投入运行的情况下，断路器机构箱的控制电源（电源 3）与 RCS-943A 操作箱的控制电源（电源 2）就是两个不同的电源，那么在对断路器进行操作的时候，其实是电源 2 的 L＋与电源 3 的 L－组成了回路，这是绝对不允许的！这种接线方式造成的一个最明显的事故情况就是：在 QF2 断开时，从理论上讲 RCS-943A 已经断电，但是如果此时 QF3 投入，则实际上

RCS-943A 是带电的！所以，一个断路器的控制回路（包括所有的参与设备）只能使用一个电源，即由一个低压断路器控制所有相关的回路的带电与否，这就解释了为什么虚线不存在的问题。在没有虚线的情况下，QF3 投入还是退出对断路器的控制没有什么实际意义，投入 QF3 只会使其输入端带电（即反送），所以一般不投入 QF3。

三、电流回路

110kV 电压等级为大电流接地系统，110kV 线路发生单相接地故障时须保护动作跳闸，所以必须在三相都配电流互感器。

RCS-943A 的电流开入回路如图 7-2 所示。三相电流进入装置以后，分别经过采集元件后流出，在 1D6 端子处汇集在一起得到零序电流 I_0（正常情况下，$I_0=0$；发生故障情况时，$I_0\neq0$），I_0 再次进入 RCS-943A 经过零序电流采集单元后流出。

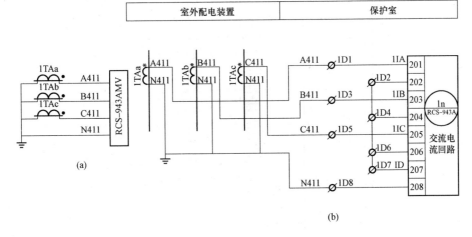

图 7-2　RCS-943A 的电流开入回路

（a）110kV 线路保护电流回路原理图；（b）110kV 线路保护电流回路接线图

四、电压回路

在电气主接线为单母线形式（含单母线分段）的情况下，RCS-943A 的电压开入回路不存在"电压切换"的问题，取消图 5-7 中启动回路，继电保护所需电压直接从电压并列装置接至"切换后电压输出或单母线电压输入"位置上。

若此线路接于单母线或桥形接线的 I 段母线上，则电压从图 5-5 中输出端 11 取；若接于 II 段母线上，则电压从图 5-5 中输出端 21 取。若电气主接线形式为单母线，则电压互感器二次回路只有"重动"而无"并列"，电压从输出端 11 取即可（此时，2YQJ 启动及展开接线回路全部取消）。

线路电压互感器二次电压表示线路的电压情况（是否带电），一般用于重合闸的检无压判断。需要提到的一点是，线路电压互感器二次电压与母线电压互感器二次电压的接地点是在一起的，即全站所有的电压互感器的接地点都在一起。

五、数字量开入回路

RCS-943A 对数字量的采集很少，图 7-3 为数字量开入回路，主要是各种保护功能压板的投入。

图 7-3　数字量开入回路

六、开出回路

"开出"是一个很笼统的概念，具体到 RCS-943A，其开出回路如图 7-4 所示。

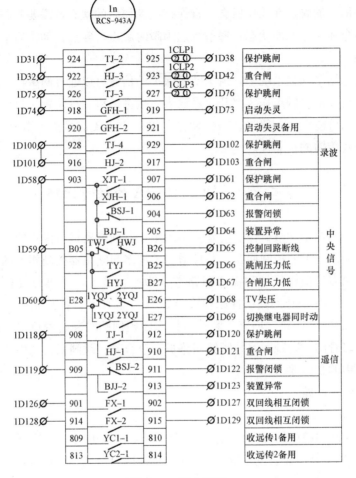

图 7-4 开出回路

图 7-4 中，保护动作后保护跳闸触点闭合，重合闸功能启动后重合闸触点闭合。这两副触点对应了第二章所述的"操作指令"开出类型，同时对应于第三章所述的"无源触点"的概念，因为只有将这两副无源触点接入操作箱的对应回路中，由操作箱提供正电源（L+），方可在动作后启动对应的断路器控制回路，详见图 6-2。

图 7-4 中，中央信号触点与遥信触点都属于第三章所述的"信号输出"开出类型。在以往的常规变电站中，中央信号触点接入变电站当地的中央信号系统，根据信号类别启动灯光或音响；遥信触点接入 RTU 装置远传给调度中

心。我们可以看出，这两套系统中，表示同一含义的触点是不同的，区别在于：中央信号的触点在动作后会一直保持在动作后的状态，需要复归按钮或远方复归命令才会返回原状态；遥信触点为瞬时触点，触点在动作后会自动返回原始状态。

在变电站自动化系统中，由于微机保护的信号可以通过网络传输至后台系统，不再将其信号触点作为"开关量输入"接进微机测控装置。目前，考虑到网络故障的可能性，一般将"保护动作"等几个主要信号接入微机测控装置，以增加信号传输的可靠性。

第二节　RCS-943A 的操作回路

微机操作箱是和微机保护配套使用的用于对断路器进行操作的装置，它取代了传统控制屏上的控制回路，并且增加了许多与断路器控制相关的回路，目前各大厂家多将微机保护和操作回路整合为一台装置，不再设置独立的操作箱。RCS-943A 操作回路插件原理接线如图 7-5 所示。操作箱主要由合闸回路、跳闸回路、"防跳"回路、断路器操作闭锁回路、断路器位置监视回路等组成，可以看出，防跳回路与闭锁回路贯穿于合闸、跳闸回路之中，这也是它们发挥作用的必然要求。

一、合闸回路

1. 手动合闸

手动合闸回路中的元件包括控制开关 1KK、"远方/就地"切换开关 1QK、"断路器本体异常禁止合闸"继电器（HYJ1、HYJ2）的动断触点、"防跳"电压继电器 KCF 的动断触点、合闸保持继电器 HBJ。图 7-5 中所示的"断路器辅助动断触点 QF、合闸接触器 HC"是一个简略画法，代表断路器机构箱中整个合闸回路，具体可参考 6-2 中的合闸回路。

手动合闸回路的动作逻辑为："1QK 在就地位置""防跳电压继电器未形成自保持""断路器本体未禁止合闸"和"断路器机构'远方'合闸回路处于准备状态"时，手动使 1KK 的⑤⑥触点闭合，合闸回路接通。同时，合闸保持继电器 HBJ 动作，其动合触点闭合形成自保持。1KK 返回原来位置，⑤⑥触点断开，合闸回路依靠 HBJ 的自保持回路接通。断路器合闸成功后，QF 断开合闸回路，HBJ 的自保持触点随后断开。

"远方"手动合闸的逻辑与"就地"手合类似，不同在于：1QK 在"远

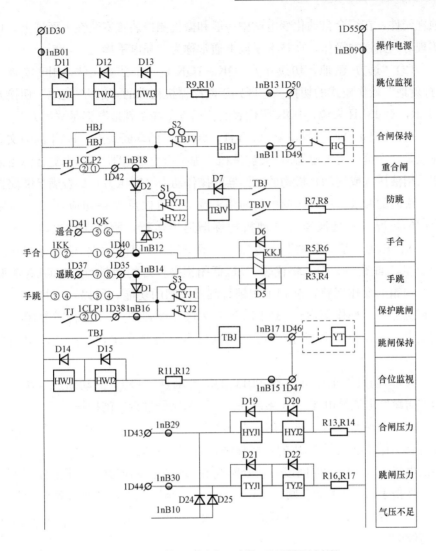

注：S1短接，取消手合压力闭锁；S2短接，取消防跳；S3短接，取消跳闸压力闭锁。

图 7-5　操作回路插件原理接线

方"位置，合闸指令来自微机测控装置而不是手动旋转 1KK 接通正电源。再次强调一点，此处的"远方""就地"都是针对 1QK 而言的，对断路器机构箱内的"远方/就地"切换把手 43LR 而言，两种合闸操作的性质均为"远方合闸"。

（1）控制开关 1KK。1KK 并不是 RCS-943A 的固定组成部分，它是一个独立元件，在综合自动化变电站中一般和微机测控装置安装在一面屏上，用于实现对断路器的操作，在技术手段上通常称为"强电手操"。

（2）"远方/就地"切换开关1QK。1QK是一个独立元件，用于实现"远方/就地"操作模式的切换。它区别于断路器机构内的"远方/就地"切换开关43LR，对43LR来说，1QK所代表的"远方"和"就地"都是"远方"。

（3）"禁止合闸"继电器（HYJ1、HYJ2）的动断触点。HYJ的中文名称应该是"合闸压力继电器"，最初是和"跳闸压力继电器"TYJ配合使用来监测采用液压（或气动）机构的断路器的操作动力（即压力）是否满足断路器合闸、跳闸的要求。从操作箱中的回路来看，它可以反映一切应该禁止断路器合闸的情况，而且液压及气动机构逐渐退出运行，所以在这里将HYJ1及HYJ2合称为"禁止合闸"继电器。一般情况下，断路器本身带有完善的闭锁功能，如图6-2中，将代表"SF_6低闭锁操作"的动断触点63GLX串联接入机构箱的操作回路，起到了闭锁合闸及跳闸的功能，所以，习惯上不再将闭锁触点引至操作箱启动HYJ以及下文将要提到的TYJ进行重复闭锁。也就是说，操作箱中HYJ和TYJ的动断触点始终都是闭合的，其作用相当于导线。

（4）"防跳"电压继电器TBJV的动断触点。TBJY的动断触点闭合，表示"防跳"电流继电器TBJ未启动，允许断路器进行合闸操作。

（5）合闸保持继电器HBJ。在传统的断路器操作回路中，合闸回路里是没有合闸保持继电器HBJ的，要保证断路器合闸成功，必须保证使合闸回路中的电流持续一定的时间以启动合闸线圈。传统控制回路中采用的是LW2系列操作把手KK，手动合闸时，KK到达"合闸"位置后依靠弹簧的力量自动旋转至"合闸后"位置。在有值班人员操作的情况下，可以保证足够的合闸电流持续时间。

微机保护的发展思路是和变电站综合自动化系统紧密联系在一起的，也是和无人值班模式变电站的发展联系在一起的。遥控合闸命令是一个只有几十毫秒至几百毫秒的高电平脉冲，如果脉冲在合闸线圈启动之前消失，则合闸操作就会失败。所以，在微机型操作箱中引入了合闸保持继电器HBJ。依靠HBJ的自保持回路，可以保证有足够长时间的合闸电流导通，使断路器完成合闸操作。同时，HBJ的自保持回路还保证了一定是由断路器的动断辅助触点断开回路，避免了不具备足够开断容量的KK触点或遥控触点断开此回路造成粘连甚至烧毁的危险。

在运行中，也出现过由于增加了 HBJ 造成合闸线圈 YC 烧毁的情况。这种情况的原因是：在图 7-5 中，合闸回路中断路器机构内的部分（虚线框内）只是一种示意画法，其实不只是一个断路器的动断触点 QF 和合闸线圈 YC，它还串联了断路器机构内的一些闭锁触点。但是，很多采用弹簧机构的断路器合闸回路中没有串连"弹簧已储能"的动合触点 CK，只是将"弹簧未储能"作为预报信号引入中央信号系统进行告警。发生这种情况时，如果在弹簧未储能时合闸，则由于合闸弹簧没有足够的势能无法合闸成功，断路器动合辅助触点 QF 无法断开合闸回路，HBJ 的自保持回路会一直导通，使 YC 中长时间有电流通过而烧毁。许多断路器厂家已经对产品设计进行了修改，在 2002 年以后生产的弹簧机构断路器合闸回路中都已串联了"弹簧已储能"的动合触点 CK，电力部门对不符合此要求的旧设备也进行了相关改造。

在以上条件均满足的情况下，旋转 1KK 使①②触点闭合，即可使合闸指令到达 1D41 端子，实现合闸功能。

2. 自动合闸

自动合闸包括重合闸和自动装置合闸，重合闸是最常见的一种。从图 7-5 中可以看出，重合闸回路是由重合闸继电器 HJ 的动合触点启动的，而 HJ 是由继电保护 CPU 驱动的。从图中还可以看出，重合闸不受"断路器本体禁止合闸"继电器 HYJ1、HYJ2 的限制。

二、跳闸回路

1. 手动跳闸

手动跳闸回路中的元件包括控制开关 1KK、"远方/就地"切换开关 1QK、"断路器本体异常禁止跳闸"继电器（TYJ1、TYJ2）的动断触点、"防跳"电流继电器 TBJ。图 7-5 中所示的"断路器辅助动合触点 QF、跳闸接触器 TQ"是一个简略画法，代表断路器机构箱中整个跳闸回路。

手动跳闸的动作逻辑为："1QK 在就地位置"且"断路器本体未禁止跳闸"且断路器机构"远方"跳闸回路处于准备状态时，手动使 1KK 的⑦⑧触点闭合，跳闸回路接通。同时，"防跳"电流继电器 TBJ 动作，其动合触点闭合形成自保持。1KK 返回原来位置，⑦⑧触点断开，跳闸回路依靠 TBJ 的自保持回路接通。断路器跳闸成功后，QF 断开跳闸回路，TBJ 的自保持触点随后断开。

"远方"手动跳闸的逻辑与"就地"手跳类似，不同在于：1QK 在"远方"位置，跳闸指令来自微机测控装置而不是手动旋转 1KK 接通正电源。

2. 自动跳闸

自动跳闸包括本体保护跳闸、外部跳闸和自动装置跳闸。微机操作箱是和微机保护装置配套使用的，微机保护负责对采集到的数据进行运算分析，确定是否要对断路器进行操作，操作箱则仅仅负责执行微机保护发出的对断路器的操作指令。所以，操作箱一个主要的功能就是执行其服务的微机保护的"跳闸"命令。从图 7-5 中可以看出，保护跳闸是由保护跳闸继电器 TJ 的动合触点启动的，而 TJ 是由继电保护 CPU 驱动的。此时，我们需要提到"防跳"继电器 TBJ 动合触点的另一个重要作用就是：防止在自动跳闸时，保护出口继电器 TJ 动合触点先于断路器动合触点 QF2 断开时，起到切断跳闸电流的作用而烧毁。保护跳闸受"断路器本体禁止跳闸"继电器 TYJ1、TYJ2 的限制。

外部跳闸和自动装置跳闸指的是由操作箱配套的微机保护之外的其他微机保护或自动装置发出的跳闸命令，例如母差保护动作、低周解列动作、备自投动作等。

三、防跳回路

操作箱中防跳回路的作用与断路器机构箱操作回路中的防跳回路的作用是重复的，保留一套即可。一般情况下，选择拆除断路器机构箱内的防跳回路，保留操作箱中的防跳回路。两套防跳回路同时运行时，会出现多种配合问题，如"断路器在合闸状态。TWJ 不动作而绿灯亮"。图 7-6 是 RCS-943A 的前身 LFP-941A 的操作箱二次回路图，它的简化图与图 6-2 的连接如图 7-7 所示。

图 7-5 与图 7-6 的一个主要区别就是将绿、红指示灯分别从 TWJ、HWJ 的串联回路中拆除了，改为由 TWJ、HWJ 的动合触点启动（图 7-5 中未显示）。这个变化看似没有什么实际的意义，因为指示灯还是随着相应位置继电器的状态（带电/失电）而变化（亮/灭），其实还是有点讲究的。合闸动作逻辑为：操作箱发出合闸指令后，合闸保持继电器 HBJ 启动并实现自保持，断路器机构箱内合闸回路导通，断路器开始合闸；合闸成功后，断路器动断辅助触点 52b 断开合闸回路，动合辅助触点 52a 闭合，由于合闸操作把手 1KK 的⑤⑥触点没有粘连，所以机构箱防跳回路启动失败。但是，此时图 7-7 中所示回路处于导通状态，由于操作箱内电阻的分压，TWJ 和 52Y（均为电压继电器）都不足以启动，但此回路中有足够的电流启动绿灯 HG，最终形成"断路器在合闸状态，跳位继电器不动作，绿灯亮"的故障。所以，在施工时一般在图 7-7 中×处将断路器机构箱"防跳"回路拆除。

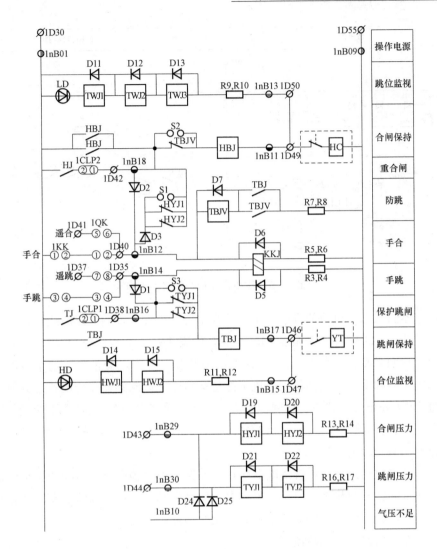

注：S1短接，取消手合压力闭锁；S2短接，取消防跳；S3短接，取消跳闸压力闭锁。

图 7-6 110kV 母联操作箱原理接线图

以指示灯的状态（绿灯亮还是红灯亮）区别断路器的状态（分位还是合位）而言，用 TWJ、HWJ 的动合触点启动绿、红指示灯与用断路器的动断、动合辅助触点启动指示灯都不会造成功能上的错误。但是，TWJ、HWJ 还担负着另外一个重担：分别监视合闸回路与跳闸回路是否处于"准备状态"，即操作回路本身是否存在故障。同样，用其动合触点启动的指示灯不但可以显示

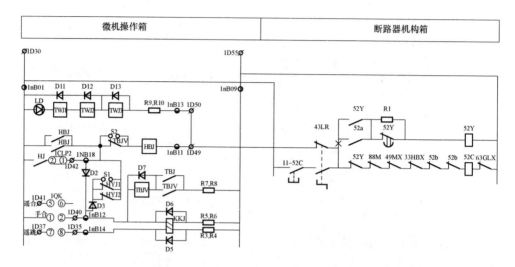

图 7-7 微机操作箱与断路器机构箱

断路器的状态，对应的可以表示此监视功能。例如"控制回路断线"这个信号（由 TWJ、HWJ 的动断触点串联组成，代表 TWJ、HWJ 同时失电，实际运行中，它们必然有一只带电），它代表的可能是"操作电源消失"这个故障。例如操作电源低压断路器跳闸，也可能是运行中（以断路器在合闸状态为例，此时 TWJ 处于失电状态，跳闸回路应该处于"准备状态"，即 HWJ 处于带电状态），跳闸回路（操作箱与机构箱的跳闸回路的串联）的某处发生了断线故障，导致 HWJ 失电。

可得出结论：以位置继电器触点或断路器位置辅助触点启动的指示灯都可以表示断路器的状态，但是位置继电器启动的指示灯还可以监视操作回路，但断路器位置辅助触点启动的指示灯则无此功能。

四、断路器操作闭锁回路

操作箱中的断路器操作闭锁回路最初是针对液压和气压操动机构设计的。对于这种压力机构来说，合闸操作与跳闸跳闸需要的压力是不同的。当发生油或空气泄漏导致机构压力减少到一定值时，会闭锁合闸操作；再减少到一定值时，会闭锁跳闸操作；再减少到一定值时，会闭锁全部操作。对弹簧机构而言，则不存在这种情况。

对弹簧机构而言，断路器本体可能需要对断路器操作进行禁止的原因有弹簧未储能禁止合闸、SF_6 压力降低禁止操作。从断路器本体操作回路中可看出，这两种情况都已经对相关的电路进行了闭锁，所以也不需要在操作箱中重复进行闭锁了。

第三节　　PSR662U 测控装置

PSR662U 数字式综合测量控制装置主要用于变电站自动化系统，也可单独使用作为普通测控装置，主要用于 110kV 及以上电压等级，包括遥控、遥信、交流量采集等功能。

一、主要技术指标

直流电压输入：220V 或 110V。

直流电压输出：5V、24V 或 12V。

交流电压输入：$100/\sqrt{3}$（额定相电压）。

交流电流输入：5A 或 1A（额定电流）。

额定频率：50Hz。

二、电源回路

PSR662U 的电源回路与 RCS‐943A 的区别很明显，它只有"工作电源"而没有"操作电源"的概念，这是因为它不配置操作回路的原因。其实，在使用独立操作箱的时代，类似 RCS‐943A 这样的微机保护装置也只有"工作电源"这样一个电源回路。

三、电流、电压回路

PSR662U 的电流、电压开入回路如图 7‐8 所示。电流开入回路的原理与 RCS‐943A 类似，区别在于 PSR662U 不考虑对零序电流的采集。本节的重点在电压开入回路中。

PSR662U 没有类似 RCS‐943A 的"电压切换回路"，它的电压开入点是固定的。对于单母线分段之类的电气主接线形式，可以根据本条线路所在母线很容易地从图 5‐5 中找到 PSR662U 的开入电压来源，输出端 11 或者输出端 21。

对于电气主接线为双母线形式的线路，图 7‐8 RCS‐943A 的电压切换回路中的"切换后电压输出"是输出给 PSR662U 以及其他一切需要与微机保护电压保持一致电压的装置。由此，我们可以得出结论：一个接于双母线的电气设备的所有二次设备共用一个"电压切换回路"。基于前文的思路，可以认为，同操作回路一样，"电压切换回路"也是 RCS‐943A 自带的一个与其继电保护功能无关的独立回路，也就是说，RCS‐943A 其实是三个独立装置的集合体。

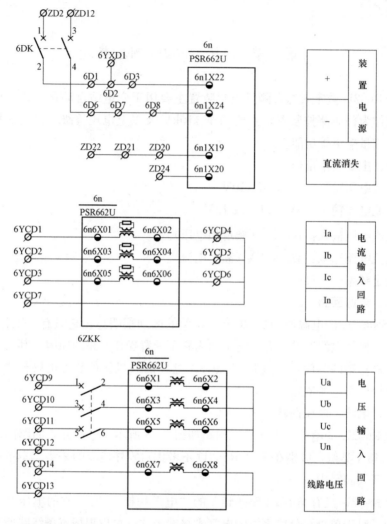

图 7-8 PSR662U 电源及电压、电流开入回路

四、控制回路

PSR662U 的控制回路其实就是它的开出回路，PSR662U 的控制回路如图 7-9 所示，包括断路器控制回路、电动隔离控制回路。所有的微机测控装置的控制回路都可以归为这两类，一般来讲，一台测控装置只配置一个断路器控制回路，多个电动隔离控制回路，这也对应了第三章中提到的"微机测控是对应于断路器配置的"。

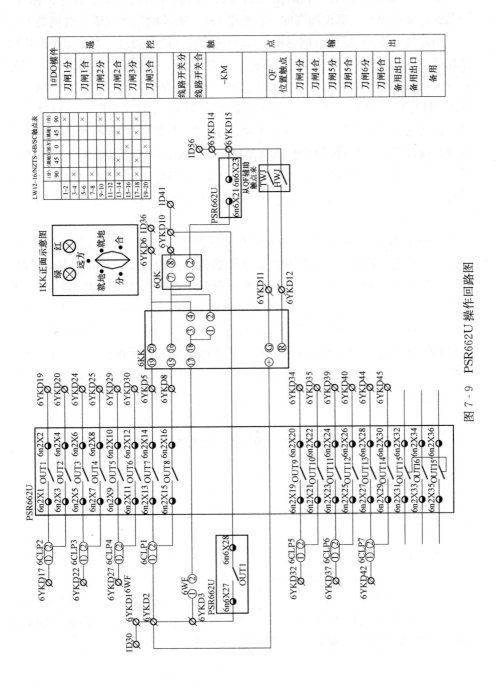

图 7 - 9　PSR662U 操作回路图

从图 7-9 中可以看出，断路器的控制回路其实有两条完全独立的路径：一条就是通过 WS、6KK 的⑰⑱（就地触点）、6KK 的①②（手动合闸触点），另一条通过 PSR662U 的合闸触点、6KK 的⑮⑯（远方触点）发出指令。这两条路径是并联的关系，但是由于 6KK 的触点只能在"就地""远方"之一，所以这两个回路不可能同时导通。另外还有一条路径是检同期（无压）合闸，当 6QK 投检同期（无压）时，直接通过 PSR662U 的同期（无压）合闸触点合闸，该功能在风电场不投入，在此不再论述。跳闸回路同样也有两条路径：一条就是通过 6WF、6KK 的⑰⑱（就地触点）、6KK 的③④（手动合闸触点）；另一条通过 PSR662U 的合闸触点、6KK 的⑲⑳（远方触点）发出指令。这两条路径是并联的关系，但是由于 6KK 的触点只能在"就地""远方"之一，所以这两个回路也不可能同时导通。

6WF 是微机"五防"系统中安装在微机测控屏的电气五防锁，在将电脑钥匙插入此电气锁后，若按照程序要求应该操作此断路器，则可以认为 6WF 的两个触点被短接，正电源到达 6KK；若程序中不应该操作此断路器，则 6WF 的两个触点为开路状态，正电源被阻断在 WS 的①处。如此，即实现了"防止误操作断路器"的功能。但是，我们也可以看到，利用 PSR662U 的触点操作断路器是不受 WS 影响的，那么是否就意味着这种操作模式不安全呢？答案是否定的。微机"五防"系统和变电站自动化系统的软件可以实现相互配合，通过这种"软五防"的方式来保证后台系统操作顺序的正确。

第四节　微机保护、测控、操作箱与断路器的接线

构成一个断路器控制回路的微机保护、测控、操作箱、断路器机构四个部分之前已经分别介绍了，本节讨论它们是如何配合的。图 7-10 描述了这个完整的控制回路。

图 7-10 中，各设备按照不同的安装位置被分为三个部分，其中微机保护与操作箱被分在一起。分析步骤如下：

第一步：正电源 1 从微机保护屏操作箱引出，经控制电缆至微机测控屏给操作把手及 PSR662U 提供正电源；正电源 1 从操作箱引出，经装置内部接线给微机保护的操作出口触点 HJ、TJ 提供正电源。

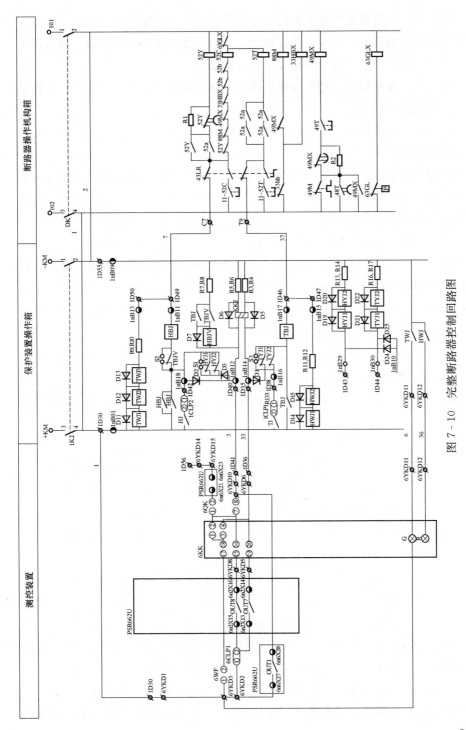

图 7 - 10　完整断路器控制回路图

第二步：从微机测控屏发出的操作指令合闸3、跳闸33（其实就是经过一串控制开关或触点的正电源）通过控制电缆回到微机保护屏操作箱；微机保护动作后，操作指令经装置内部接线回到操作箱。

第三步：操作指令经过操作箱的各种回路转变成合闸7、分闸37，经控制电缆至断路器机构箱。

第四步：断路器机构箱负电源2由微机保护屏操作箱提供，这个完整的操作回路就形成了。

在此分析基础上，微机测控屏上的红绿指示灯与操作箱位置继电器触点的配合也就很容易理解了。补充一点：断路器机构箱43LR在"就地"状态时，由于其负电源由操作箱提供，所以其正电源也应由操作箱提供。

从工程的角度讲，"四大家"（南瑞、许继、南自、四方）中任何一家的操作箱都不会存在原则性的设计缺陷，所以内部的回路接线在此不做讨论，只讨论操作箱与断路器的连接线，也就是控制电缆需要接线的地方。对任何一个微机操作箱，都可以用"4个点""6个点""8个点""9个点"这四种方法来分析，以完成接线，并搞清楚回路走向。

"4个点"：1（正电源，低压断路器下端）、2（负电源，低压断路器下端）、7（操作箱合闸回路出口端）、37（操作箱跳闸回路出口端）。

"6个点"：在4个点的基础上，增加3（手动合闸输入端）、33（手动跳闸输入端）。

"8个点"：在6个点的基础上，增加6（红灯）、36（绿灯）。

"9个点"：在8个点的基础上，增加R133（外部保护跳闸输入端）。

10kV真空断路器、35kV真空（SF$_6$）断路器本体不带手动操作按钮，只需接入7、37、2。在操作箱发出"合闸"指令以后，对断路器机构而言，7就起到正电源的作用，它通过YC与负电源构成回路，使HQ动作合闸。跳闸回路类似。

110kV SF$_6$本体带手动操作按钮，需要接入1、7、37、2。在"远方合闸"时，动作原理与35kV断路器的是类似的。"就地合闸"时，通过11-52C将正电源接入合闸回路，所以需要将正电源1接入断路器机构。

主变压器10kV进线柜、35kV进线柜，柜体带手动操作按钮，保护装置安装在主变压器保护屏上，需要接入1、3、33、7、37、2。

主变压器35kV进线开关柜主要包括两个部分：断路器机构本体、安装在开关柜面板上的附件（操作把手、指示灯等）。1、3、33接入操作箱，形成了操作把手 SK 与主变压器保护屏上操作把手 QK 并联的关系，使得 SK 的操作也经过操作箱的操作回路，然后再通过 7、37 输出到 10kV 开关柜断路器机构。

微机测控屏与微机操作箱配合，需要接入 1、3、33、6、36。

常规控制屏与微机操作箱配合，需要接入 1、3、33、6、36、2。外部保护动做出口跳闸时，需要接入 1、R133。

微机测控屏与常规控制屏的接线类似。红、绿指示灯通过控制电缆在 6、36 两个点与操作箱的 HWJ（合位继电器）、TWJ（跳位继电器）的动合触点构成回路。

第八章

110kV 主变压器保护二次接线

电力变压器是电力系统重要的供电元件，它的故障将对供电可靠性和系统的正常运行带来严重的影响，因此必须根据变压器的容量和重要程度装设可靠的继电保护装置。变压器保护可以分为本体保护和电气保护两类。

变压器的本体保护也称为非电量保护，它反映的是变压器内部故障，主要有气体继电器动作、油位异常、油温异常等，这些现象可能是变压器构造故障（如变压器漏油）造成，也有可能是电气原因（如匝间短路导致油膨胀产生气体并启动气体继电器）造成，但由非电气量反映的。

变压器的电气保护依靠采集相关电流量、电压量完成。电气保护主要包括纵差动保护、电流速断保护、过负荷保护等。电气保护反映变压器内部（含套管和引出线）短路故障及接地故障、变压器外部短路故障引起的变压器过电流等。

本章选用的主变压器模型是 SZ10 - 50000/110±8×1.25％/35kV，其含义：主变压器容量为 50000kVA，双绕组，电压等级为 110/35kV、自冷、有载调压。微机保护模型是国电南自：差动保护 PST671UA，高压侧后备保护 PST671UB，低压侧后备保护 PST671UC，非电量保护（本体保护）PCX - BC，主变压器测控及有载调压 PSR661U。以上装置和相应切换开关、复归按钮等组成一面主变压器保护屏，如图 8 - 1 所示。

第一节　　PST671UA 变压器差动保护装置

PST671UA 为微机型变压器差动保护装置，适用于 110kV 及以下电压等级的双绕组、三绕组变压器。差动保护动作出口后，跳开变压器各侧断路器。

表注：03规约，B网对时

序号	代号	名称	型号	数量	带防尘罩	备注
		小母线夹	φ6	34对		
	ZMD	小母线		17		
	KG	白炽灯	AC220V,25W	1		
		行程开关	KAN2-4a	1		
25	CMB	普通端子	NJD-12.6	1		其他回路使用
24		试验端子	NJD-11S	1		电流电压回路使用
23		触摸笔及笔架	NJD-CB.BJ	1		
22	37n	温度显示器	XMZ-152	0		开孔配线
21	372KK	自动空气开关	NDB2-63C 3A/2P	3		
20	38n	挡位控制器	HMK8	0		开孔配线
19	382KK	自动空气开关	NDB2-63C 10A/3P	1		
18	6WF	五防编码锁	盛沸优特	0		开孔配线
17	21KK	控制器码钥	LW21-16NZTS-6B/SC	2		
16	FA.DA	按钮	YSP12-11Y	9		
15	KLP	连接片	YY1-D1-A1-BHU	11		
14	CLP	连接片	YY1-D1-A1-BHO	19		
13	其余	连接片	YY1-D1-A1	6		
12	ZKK	自动空气开关	NDB2-63C 1A/3P	4		
11	DK	自动空气开关	NDB2Z-63C 3A/2P	7		
10	DYGX	打印共发模块	E02-PNS.C-A-00	1		
9	1n'	打印机	LQ300K+11	1		
8		测控装置	PSR661U	1		
7	2-1n	变压器保护装置	PST671UC	1		
6	3-1n	变压器保护装置	PST671UB	1		
5	1-1n	变压器保护装置	PST671UA	1		
4	11n					
3						
2	5n	本体保护	PCX-BC	1		
1	4n	操作箱	PCX-BST	1		

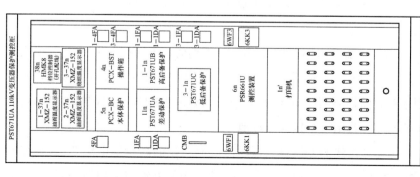

背面布置示意图　　　正面布置示意图

图 8-1　110kV 变压器保护测控柜柜面布置图

91

主变压器差动保护的保护范围是主变压器各侧差动电流互感器内部的全部设备，不仅仅是变压器本身，还包括导线、隔离开关等设备。在保护范围内设备正常运行时，理论上"差动"的电流应该是零；在保护范围内设备发生故障时，"差动"的电流即不为零，保护元件即被启动。

一、电流回路

PST671UA 的电流开入回路接线如图 8-2 所示。

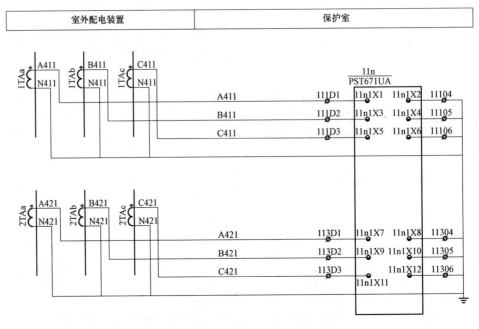

图 8-2　变压器差动保护电流回路接线图

图 8-2 所示电流开入回路接线与图 7-2 类似，不同点在于图 7-2 中用于 110kV 线路保护的电流互感器的二次绕组中性点在室外配电装置处接地，而图 8-2 中用于差动保护的两组电流互感器的二次绕组中性点在保护室 110kV 主变压器保护测控屏共用一个接地点接地。

星形—三角形接线的变压器，低压侧电流会超前高压侧电流 $30°$，在继电器构成的保护回路中，可以通过将主变压器高压侧电流互感器接成星形—三角形接线（二次侧电流超前一次侧 30°，与主变压器低压侧一次电流相位相同），将主变压器低压侧电流互感器接成星形—星形接线（二次侧电流相位与一次侧相同）来校正相位差，但这种接线同时会造成高压侧电流互感器二次侧电流增大 $\sqrt{3}$ 倍，需要通过将高压侧电流互感器的变比增大 $\sqrt{3}$ 倍来校正，由于此变比不是标准变比，所以需要在低压侧增加一个自耦变流器来校正变比不匹配造成的差电流。

在采用微机保护后，电流进入保护装置后，软件会自动校正各侧电流相位差，所以主变压器各侧电流互感器均采用星形—星形接线，变比按照实际负荷选择。

二、出口回路

图 8-3 是 PST671UA 微机保护装置的开入开出回路图，其"开出"只有无源触点，且均为跳闸继电器触点（"装置报警"等信号原则上不属于"保护"的范畴）。

从图 8-3 来看，差动保护动作后会向主变压器各侧断路器均发出跳闸指令，其作用途径就是将这些无源触点接进各侧断路器的操作箱。这些触点被定义为各种各样的用途，但是从电路学的角度来讲，这些无源触点的具体用途是什么完全取决于它被接入了哪个回路，而且不论其最终用途如何，它们在最根本上代表的都是一个含义：差动保护动作跳闸。

PST671UA 的开入回路均为压板控制状态投退，且均为＋24V 电压回路。

第二节　PST671UB、PST671UC 变压器后备保护

一、功能概述

PST671UB 用于 110kV 电压等级变压器的高压侧后备保护装置。

保护配置：三段复合电压闭锁过电流保护；三段零序过电流保护；间隙过电流保护、间隙过电压保护、过负荷告警、TV 断线告警。

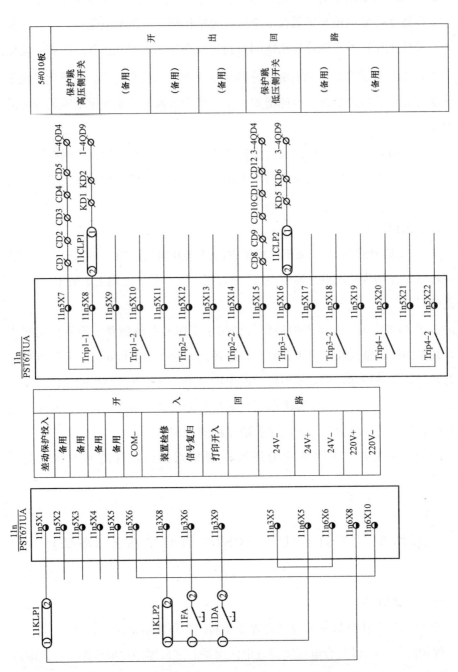

图 8 - 3 PST671UA 微机保护装置的开入、开出回路图

PST671UC用于110kV及以下电压等级的变压器低压侧后备保护装置。

保护配置：三段复合电压闭锁过电流保护；过负荷发信号；TV断线告警、零压报警。

二、电流电压回路

PST671UB、PST671UC的电流开入回路如图8-4所示，电流互感器二次绕组中性点均在室外配电装置处接地。

PST671UB、PST671UC都不配置类似RCS-943A自带的电压切换回路，其所需电压直接从图5-5中的输出端11取电压即可。如果110kV电气主接线为双母线，那么电压必须进行切换才能进入微机装置，此时需要加装专门的电压切换装置，例如南瑞继保公司的RCS-9662B，此类装置在双母线接线形式下应用非常广泛。RCS-943A的电压切换回路是完全独立于其保护功能的，因此将其单独组成一台装置是可行的，但从结构上来讲也不是很合理。在配置了专用的电压切换装置以后，取消微机保护自带的电压切换回路接线，整个间隔的二次电压分配回路就很清晰了，电压切换装置处于公用的地位，微机保护和微机测控以及其他设备以一种"并联"的关系从这里取得电压。

三、开入开出回路

PST671UB、PST671UC的开入开出回路均较为简单，与PST671UA的开入开出回路接近，其开入主要包括压板控制状态投退回路、信号复位按钮、打印启动按钮等。其开出为保护部分的无源空触点，接入断路器操作回路用于跳闸操作。

有些厂家的变压器后备保护装置与变压器测控装置是一体的，其开出不仅包括保护部分的无源空触点，还包括测控部分的断路器和隔离开关控制等。这类后备保护测控装置，其保护跳闸出口触点，除用于断路器操作外，通常还提供两个反应于"过负荷"的保护触点，一个动断触点用于闭锁有载调压，即通常所说的"过负荷闭锁有载调压"；一个动合触点用于启动主变压器风冷系统，即"过负荷启动风冷"。这两个触点的作用途径很简单，在此，我们主要结合这两个触点谈一下"闭锁"及其实现方式。什么是闭锁？闭锁这个词是二次专业中接触非常多的一个概念，从字面意思讲，闭锁就是"使……不能……"的意思。

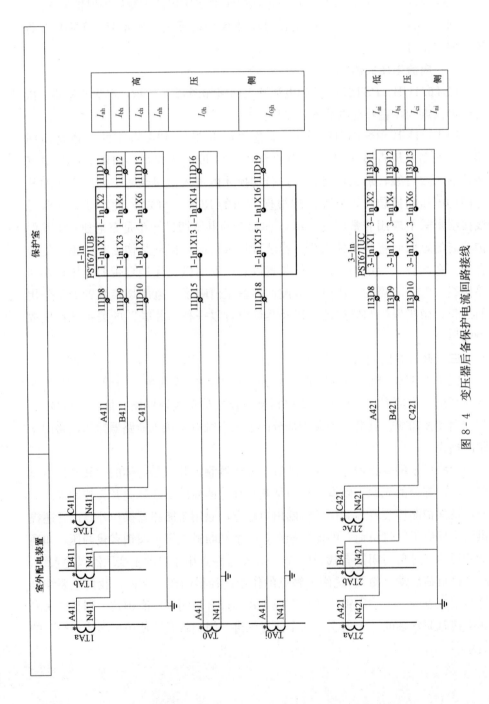

图 8 - 4　变压器后备保护电流回路接线

　　"过负荷闭锁有载调压"就是主变压器过负荷时，使"有载调压"不能动作，而"过负荷启动风冷"的意思就是"主变压器过负荷时，使风冷系统能动作"，这是很好理解的。那么，"过负荷启动风冷"算不算闭锁呢？应该说，这不是闭锁的范畴，因为它代表的是一个"主动"的动作"启动"，而且我们也知道闭锁一般都是靠动断触点实现的，"启动风冷"是一个动合触点，怎么能算闭锁呢？但是，如果我们从另外一个角度来理解这句话，是不是也可以描述为"主变压器不过负荷时，使"风冷系统"不能动作呢？这样我们就可以得到一个结论：用"状态 A 发生时打开"的动断触点闭锁 B 回路时，在一般情况下，"闭锁"功能是关闭的，即 B 回路不受闭锁，只有在 A 发生时，B 回路才被"闭锁"，即"长期允许，短时闭锁"；用"状态 A 发生时闭合"的动合触点闭锁 B 回路时，在一般情况下，"闭锁"功能是放开的，即 B 回路受闭锁，只有在 A 发生时，B 回路才被"允许"，即"长期闭锁，短时允许"。仔细想一下，如此说来几乎所有的控制回路都可以被说成"闭锁"回路了，那样反而更混乱了。所以，在此我们提到这个问题只是提供一种分析电气二次回路的方法，关于"闭锁"的概念，我们还是沿用习惯的说法吧。

　　既然谈到闭锁，我们就来说一说闭锁的一些基本概念。变电站的配电装置的闭锁不外乎两类：机械闭锁和电气闭锁。

　　所谓机械闭锁，就是采用简单的力学原理，依靠机械结构比如连杆、梢子等使某个元件不能动作。例如，隔离开关在合位时，与它配套的接地开关是合不上的，因为此时操作接地开关位置的机构被卡住了，操作杆根本转不动；35kV 开关柜的断路器在合位时，小车是拉不出来的，这都属于机械闭锁的范畴。几乎所有的机械闭锁都属于"五防"的范畴。

　　所谓电气闭锁，顾名思义就是在控制电路中增加用于闭锁的触点，使该回路的导通受到某种限制。常见的电气闭锁也很多，有些属于"五防"的范畴：比如将断路器的动断触点串联接入配套隔离开关的电动操作回路，实现"断路器在合位不能操作隔离开关"的功能；GIS 中各间隔之间断路器、隔离开关与接地开关电动机构的相互闭锁；微机"五防"系统中的电器编码锁，如断路器操作回路中的 WS；有些不属于五防的范畴：例如"过负荷闭锁有载调压"，操作箱中的"SF_6 低闭锁操作"等，它们都只是一般的功能性闭锁。

第三节   PSR661U 变压器测控装置

PSR661U 是变压器测控装置，它与线路测控装置 PSR662U 没有本质的区别，只是测控量的类型、数量多少而已。本节主要讨论 PSR661U 的有载调压功能。有载调压，顾名思义就是允许变压器在运行状态下通过改变变压器的线圈匝数比来改变变压器的实际变比，即"升压"或"降压"。说到底，就是一个电动机通过正向或反向转动带动相关机械机构来改变变比。

与有载调压功能相关的装置有两台，PSR661U 提供"升""降""停"三种功能，它属于测控装置的"开出"范畴，与控制断路器、隔离开关的开出触点是一样的，区别仅在于最终控制哪个设备而已。

第四节   主变压器保护装置出口

本书的重点不在继电保护，但是分析微机保护的出口对于理解电气二次回路还是很必要的。

PST671UA：差动保护，动作后跳主变压器高压侧断路器、低压侧断路器。

PST671UB：高后备保护，动作后跳主变压器高压侧断路器、低压侧断路器。

PST671UC：低后备保护，动作后跳低压侧断路器。

RCS-9661：非电量保护，动作后跳主变压器高压侧断路器、低压侧断路器。

换一个角度总结则可以得到如下结论：

（1）跳主变压器高压侧断路器的保护有：差动保护、非电量保护、高后备保护。

（2）跳主变压器低压侧断路器的保护有：差动保护、非电量保护、高后备保护、低后备保护。

第五节   PCX-BC 非电量保护装置

PCX-BC 为变压器的非电量保护装置，从主变压器本体引来各种非电量保护信号，主要包括本体重瓦斯、本体轻瓦斯、有载重瓦斯、有载轻瓦斯、压力释放阀动作、油位异常、油温过高（这些信号的无源触点），都接入 PCX-BC 中。PCX-BC 非电量保护的信号输入、保护动作、开出回路如图 8-5 所示。

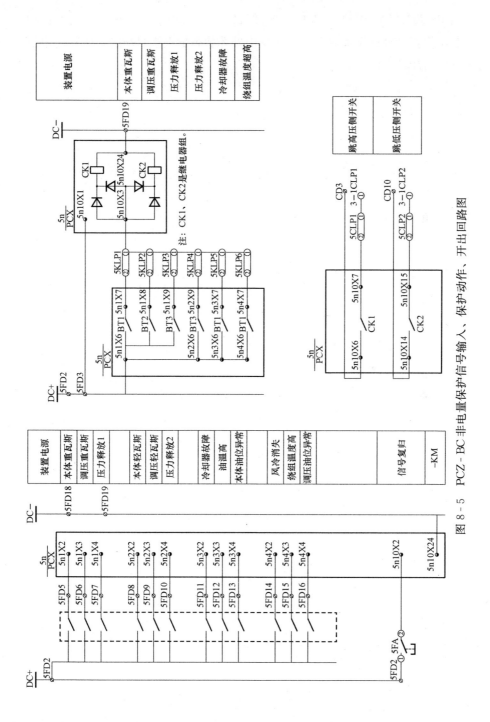

图 8 - 5　PCZ - BC 非电量保护信号输入、保护动作、开出回路图

与 PST671UA、PST671UB、PST671UC 不同的是，PCX‑BC 的保护功能不是由模拟量经计算而启动的，而是由外部状态量直接启动的，所以它也没有电流、电压开入回路。

第九章

35kV 线路测控保护

根据风机布局、风力发电机组的容量以及电机的出口电压（机组出口电压为 0.69kV），通常风电场采用二次升压方式，一次升压采用风力发电机组与美式箱式变压器一机一变单元接线方式，升压至 35kV（或 10kV）后通过集电线路汇集至 35kV（或 10kV）母线。风电场主变压器低压侧设备目前使用的多为交流金属封闭高压开关柜，一般地区选用手车式，高海拔地区可选用固定式 SF_6 充气开关柜。

第一节　KYN61-40.5 型高压开关柜

KYN61-40.5 型铠装移开式交流金属封闭高压开关柜是风电场常用的高压配电设备，开关柜由柜体和手车两大部分构成。柜体由金属隔板分隔成四个独立的隔室：母线室、断路器室、电缆室和继电器仪表室。主要包括真空断路器、电流互感器、就地安装的微机保护装置、操作回路附件（把手、指示灯、压板等等）、各种位置辅助开关。其中，断路器与电流互感器安装在开关柜内部，微机保护、附件、电能表安装在继电器室（沿用以前的叫法，其实已经没有继电器了）的面板上，端子排与各种电源低压断路器安装在继电器室内部，端子排通过控制电缆或专用插座与断路器机构连接。

一、继电器室

继电器室的面板上，安装有微机保护装置、操作把手、保护出口压板、指示灯（合位红灯、分位绿灯、储能完成黄灯）；继电器室内，安装有端子排、微机保护控制回路直流电源开关、微机保护工作直流电源、储能电机工作电源开关（直流或交流）。

二、断路器手车

断路器手车安装真空断路器及其操动机构，断路器机构内的接线通过专用插座与继电器室的端子排连接。插头的一端与断路器机构固定连接，另一端是一个专用插头，配套的插座安装在断路器室的右上方，从插座引出线接至继电器室端子排。

断路器手车有三个位置：断开、试验、运行（需要注意的是，断路器手车和断路器是两个概念，断路器手车其实就是断路器和它的座）。正常运行时，断路器手车在运行位置，断路器在合闸位置，二次连接线插头与插座连接；手动跳闸后，断路器在分闸状态、手车在运行位置；用专用摇把将断路器手车摇出，至试验位置，可以将二次插头拔下（手车在运行位置时拔不下来）；继续摇，手车退出断路器室，处于断开位置。

（1）断开位置：断路器与一次设备（母线）没有联系，失去操作电源（二次插头已经拔下），断路器处于分闸位置。

（2）试验位置：二次插头可以插在插座上，获得电源。断路器可以进行合闸、分闸操作，对应指示灯亮；断路器与一次设备没有联系，可以进行各项操作，但是不会对负荷侧有任何影响，所以称为试验位置。

（3）运行位置：断路器与一次设备有联系，合闸后，功率从母线经断路器传至输电线路。

高压开关柜没有传统意义上隔离开关的概念，手车在试验位置时，就相当于传统的隔离开关断开，即断路器与主电路（一次母线）有了明显断开点。

三、断路器操作回路

图 9-1 为断路器操作回路，主要包括控制把手、微机操作回路与断路器机构的配合。图 9-1（a）所示断路器机构的合闸回路为简化画法，实际的断路器合闸机构内部回路如图 9-1（b）所示，外部操作回路与合闸机构内部回路通过航空插头连接，其中 102 为操作回路负电源，107 为合闸回路，137 为跳闸回路。35kV 断路器比 110kV 断路器操作回路简单得多，其动作简述如下：

1. 断路器的合闸操作

断路器的合闸操作分为手动合闸和自动合闸两种。手动合闸包括就地合闸（在开关柜通过操作把手操作）、远方合闸（利用综合自动化系统后台或在集控中心进行合闸操作）。自动合闸包括重合闸、自动装置（备自投装置等自动装置动作）合闸。

（1）就地合闸。"远方/就地"切换把手 QK 在"就地"状态时，合闸回路由操作把手 KK③④、小车位置接电 S8/S9、储能限位开关 S3、开关位置动断

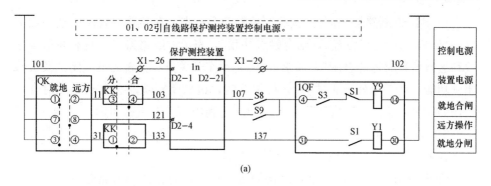

(a)

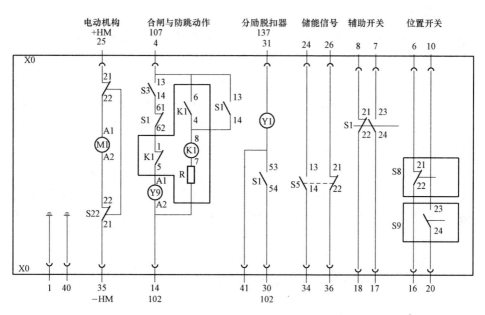

符号	名称	符号	名称
K1	防跳继电器	M1	电机操动机构
S3,S21,S22,S5	储能限位开关	Y1	分闸线圈
Y9	合闸线圈	R	电阻器
S1	辅助开关	X0	插头

(b)

图 9 - 1　35kV 高压开关柜开关操作回路图

触点 S1、防跳继电器动断触点 K1 组成。

　　合闸回路处于准备状态（操作 KK 即可成功合闸）时，断路器需要满足以下条件：

1) S8/S9 断路器"运行/试验"位置动合触点。在断路器合闸回路中加上"试验位置 S8、运行位置 S9 动合触点并联",表示"断路器手车只有在试验位置和运行位置时才能合闸"。通常,35kV 手车开关具有完善的电气闭锁及机械闭锁功能,在手车处于非试验/运行位置时,机械闭锁功能会自动完成对合闸操作的闭锁,所以也可以不用在合闸回路里利用 S8/S9 进行闭锁。

2) S3 动合触点闭合。S3 储能限位开关,反应合闸弹簧的储能状态,S3 的动合触点闭合表示的是"合闸弹簧已储能"。

将 S3 的动合触点串入合闸回路的目的在于,防止弹簧未储能时进行合闸操作而导致合闸线圈烧毁。

3) 断路器的动断辅助触点 S1 闭合。断路器的动断辅助触点 S1 闭合表示的是"断路器处于分闸状态",断路器和其辅助触点的联动变位是通过机械传动实现的。

将断路器动断辅助触点 S1 串入合闸回路的目的在于,保证断路器处于分闸状态,更重要的是,S1 用于在合闸操作完成后切断合闸回路。

4) K1 动断触点闭合。K1 是"防跳"继电器。"防跳"是指防止在手合断路器于故障线路且发生手合开关触点粘连的情况下,由于"线路保护动作跳闸"与"手合开关触点粘连"同时发生造成断路器在"合闸"与"跳闸"之间发生"跳跃"的情况。防跳回路的动作过程在第六章有详细介绍,可参阅第六章理解。

在满足以上四个条件后,断路器的合闸回路即处于准备状态,可以在"远方"或"就地"合闸指令发出后完成合闸操作。

(2) 远方合闸。针对 35kV 开关柜断路器而言,远方合闸是指一切通过保护测控装置发来的合闸指令,它包括使用综合自动化系统后台软件合闸、使用远动功能在集控中心合闸等,这些指令都是通过微机操作箱的合闸回路传送到断路器的。

这些合闸指令其实就是一个高电平的电信号,在 QK 处于"远方"状态时,它通过"远方/就地"切换把手 QK 以及断路器的合闸回路与断路器操作回路的负电源形成回路,完成合闸操作。

2. 断路器的跳闸操作

断路器的跳闸操作分为手动跳闸和自动跳闸两种。手动跳闸包括:就地跳闸(在开关柜通过操作把手操作)、远方跳闸(利用综合自动化系统后台或在集控中心进行合闸操作)。自动跳闸包括:自身保护跳闸、外部保护(母线保护等保护装置动作）跳闸、自动装置动作（小电流选线装置动作、安稳装置动作跳闸等）跳闸。

（1）就地跳闸。远方/就地切换把手 QK 在"就地"状态时，跳闸回路由操作把手 KK①②、开关位置动合触点 S1 组成。

跳闸回路处于准备状态（操作 KK 即可成功合闸）时，只要断路器的动合辅助触点 S1 闭合，即可进行跳闸操作。断路器的动合辅助触点 S1 闭合表示的是"断路器处于合闸状态"。将断路器动合辅助触点 S1 串入跳闸回路的目的在于，保证断路器处于合闸状态，更重要的是，S1 用于在跳闸操作完成后切断跳闸回路。

（2）远方跳闸。针对断路器而言，远方跳闸是一切通过保护测控装置发来的跳闸指令（使用综合自动化系统后台软件跳闸、使用远动功能在集控中心跳闸等，这些指令都是通过微机操作箱的跳闸回路传送到断路器的。

这些跳闸指令其实就是一个高电平的电信号，在"远方/就地"切换把手 QK 处于"远方"状态时，它通过"远方/就地"切换把手 QK 以及断路器的跳闸回路与断路器操作回路的负电源形成回路，完成跳闸操作。

（3）保护跳闸。保护跳闸包括自身保护跳闸、外部保护（母线保护等保护装置动作）跳闸、自动装置动作（小电流选线装置动作、安稳装置动作跳闸等）跳闸。其跳闸回路不经过操作把手，回路参阅后文保护测控装置回路图理解。

3. 辅助回路

辅助回路指的是除合闸回路、跳闸回路之外的其他电气回路，主要包括储能电机回路、各种信号回路等。

储能电机回路由储能位置开关信号进行控制，未储能是触点闭合启动储能电机进行储能。

信号回路均为空触点形式，主要包括"手车位置信号""断路器位置信号""合闸弹簧未储能"等。图 9 - 1 中断路器位置信号、手车位置信号只画出其中的一对进行示意。

第二节　ISA311G 线路测控保护装置

ISA311G 是用于小电流接地系统线路的微机保护装置，配置三段式过电流、三段式零序过电流/小电流接地选线、重合闸。其电流、电压回路如图 9 - 2 所示，操作回路如图 9 - 3 所示。

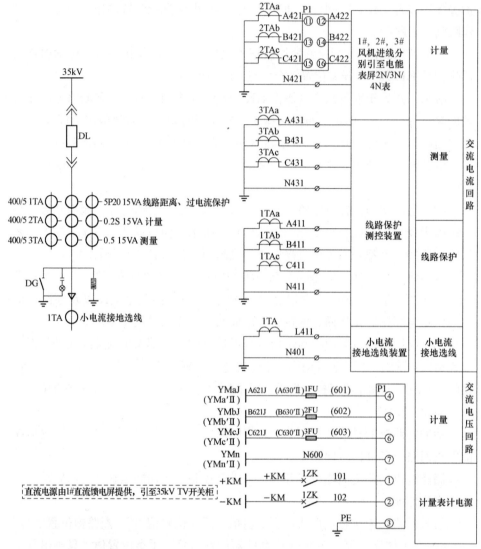

注：1. 本图以某风场1#风机进线回路原理为例。

2. 35kV开关柜各柜间直流电源已由厂家连通；图中（ ）内为厂家回路编号。

图 9-2　ISA311G电流、电压回路图

一、电流电压回路

图 9-2 中可以看出，需要接入的模拟量是：母线电压、保护电流、测量电流、零序电流。35kV 线路属于小电流接地系统，允许单相接地运行一段时间，为节省一组电流互感器，可以只在 A、C 两相配置电流互感器，这种配置

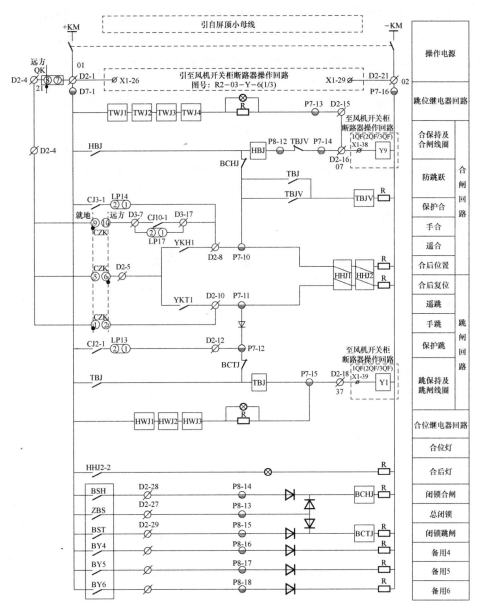

图 9-3　ISA311G 操作回路原理图

在同一母线上同时发生两条线路单相接地故障时，有 2/3 的机会只切断一条线路。随着电流互感器制造成本的降低，为了更灵活地进行保护配置，目前风电场 35kV 系统基本都是按三相电流互感器进行配置的。在风电场 35kV 系统中，由于出现过因为单相接地导致的大面积风电停运事故，目前电网公司不允许风电场 35kV 系统单相接地运行，要求小电流选线装置直接动作于跳闸，小电流接地选线装置用装设在电缆出线中专用的零序电流互感器测量零序电流。

二、断路器操作回路

图 9-3 中可以看出，这个操作回路比 RCS-943A 的操作回路简单了很多。操作箱与断路器手车的连接点在图中用紫色字体表示。

操作回路主要由合闸回路、跳闸回路、"防跳"回路、断路器操作闭锁回路、断路器位置监视回路等组成，在图 9-3 中，根据回路功能不同用不同颜色予以标示。可以看出，防跳回路与闭锁回路贯穿于合闸、跳闸回路之中，这也是它们发挥作用的必然要求。

1. 合闸回路

（1）手动合闸。手动合闸回路中的元件包括控制开关 CZK、检同期合闸触点/连片（风电场集电线路开关合闸不需要检同期，连片投入）、"闭锁合闸"继电器 BCHJ 的动断触点、"防跳"继电器 TBJV 的动断触点、合闸保持继电器 HBJ。图 9-3 中所示的"断路器合闸线圈 Y9"是一个简略画法，代表断路器手车中整个合闸回路。

手动合闸回路的动作逻辑为："CZK 在就地位置"、检同期连片投入（即无需检同期）、断路器本体未禁止合闸（闭锁合闸继电器未动作，动断触点闭合）、防跳继电器未形成自保持（防跳继电器 TBJV 未动作，动断触点闭合）、断路器机构"远方"合闸回路处于准备状态，此时，手动使 CZK 的⑨⑩触点闭合，合闸回路接通。同时，合闸保持继电器 HBJ 动作，其动合触点闭合形成自保持。CZK 返回原来位置，⑨⑩触点断开，合闸回路依靠 HBJ 的自保持回路接通。断路器合闸成功后，断路器本体断开合闸回路，HBJ 的自保持触点随后断开。

"远方"手动合闸的逻辑与"就地"手合类似，不同在于：CZK 在"远方"位置，合闸指令来自微机测控装置而不是手动旋转 CZK 接通正电源。再次强调一点，此处的"远方""就地"都是针对 CZK 而言的，对 35kV 高压开关柜上的"远方/就地"切换把手 QK 而言，两种合闸操作的性质均为"远方合闸"。

1）控制开关 CZK。CZK 并不是 ISA311 的固定组成部分，它是一个独立元件，一般和微机测控装置安装在一面屏上，用于实现对断路器的操作。需要特别注意的是，该操作回路中的控制开关 CZK 与 110kV 断路器操作箱回路中控制开关有所区别，110kV 断路器操作箱回路中的"远方/就地"切换把手与断路器分合控制把手是分开的，CZK 是合二为一的，即可实现"远方/就地"切换，也可实现分合操作。其动作逻辑如图 7-9 中的 6KK。

另外，需要说明的是，这里的"远方"是指一切通过后台系统向操作箱发出的跳、合闸命令，"就地"是指通过 CZK 发出的跳、合闸命令。它区别于 35kV 高压开关柜上的"远方/就地"切换把手 QK，对 QK 来说，CZK 所代表的"远方"和"就地"都是"远方"。

2)"闭锁合闸"继电器 BCHJ 的动断触点。一般来讲，闭锁合闸是 35kV 开关柜本体原因引起断路器不能合闸的情况，在目前的 35kV 开关柜中没有闭锁合闸的信号，即便有，习惯上不再将闭锁触点引至测控装置启动 BCHJ 以及 BCTJ 进行重复闭锁。也就是说，BCHJ 和 BCTJ 的动断触点始终都是闭合的，其作用相当于导线。

3)"防跳"电压继电器 TBJV 的动断触点。TBJY 的动断触点闭合，表示"防跳"继电器 TBJ 未启动，允许断路器进行合闸操作。

4) 合闸保持继电器 HBJ。在传统的断路器操作回路中，合闸回路里是没有合闸保持继电器 HBJ 的，增加 HBJ 的原因在第七章 PSR943A 操作箱的合闸回路章节有详细论述，此处不再重复。

在以上条件均满足的情况下，旋转 CZK 使⑨⑩触点闭合，即可使合闸指令到达 D2-16 端子，实现合闸功能。

(2) 自动合闸。自动合闸包括重合闸和自动装置合闸，重合闸是最常见的一种。从图 9-3 中可以看出，重合闸回路是由重合闸继电器 CJ3-1 的动合触点启动的，而 CJ3-1 是由继电保护 CPU 驱动的。

2. 跳闸回路

(1) 手动跳闸。手动跳闸回路中的元件包括控制开关 CZK、"闭锁跳闸"继电器 BCTJ 的动断触点。图 9-3 中所示的"断路器跳闸线圈 Y1"是一个简略画法，代表断路器手车中整个跳闸回路，具体可参考本章第一节中的跳闸回路。

手动跳闸的动作逻辑为："CZK 在就地位置"、断路器本体未禁止跳闸（闭锁跳闸继电器未动作，动断触点闭合）、断路器机构"远方"跳闸回路处于准备状态，此时，手动使 CZK①②触点闭合，接通回路接通。同时，"防跳"电流继电器 TBJ 动作，其动合触点闭合形成自保持。CZK 返回原来位置，①②触点断开，跳闸回路依靠 TBJ 的自保持回路接通。断路器跳闸成功后，QF

断开跳闸回路，TBJ 的自保持触点随后断开。

"远方"手动跳闸的逻辑与"就地"手跳类似，不同在于：CZK 在"远方"位置，跳闸指令来自微机测控装置而不是手动旋转 CZK 接通正电源。

（2）自动跳闸。自动跳闸包括自身保护跳闸、外部跳闸和自动装置跳闸。保护跳闸包括自身保护跳闸、外部保护（母线保护等保护装置动作）跳闸、自动装置动作（小电流选线装置动作、安稳装置动作跳闸等）跳闸，其跳闸回路不经过操作把手。

3."防跳"回路

微机测控保护装置中"防跳"回路的作用与断路器机构箱操作回路中的"防跳"回路的作用也是一样的，保留一套即可。一般情况下，拆除断路器机构箱内的"防跳"回路，保留操作箱中的"防跳"回路。

第十章

常见故障原因分析及处理

风电场升压站二次设备出现故障，影响设备正常运行，有些故障会导致保护误动、拒动或者闭锁部分保护功能，如果应急措施采取不当，将影响到风电场变电站一次设备跳闸或失去保护。风电场运维人员，要求能够根据故障现象准确判断故障原因，并采取正确的应急处理措施，将故障影响降至最低。本章针对风电场二次系统出现的常见故障，如 TV 断线或 TV 异常、TA 断线或 TA 异常、控制回路断线故障、保护插件或监测继电器故障、直流接地故障、光纤及 2M 复用通道故障、后台机和远动机故障、故障录波装置故障、综合自动化系统故障、GPS 装置故障、加热器和温湿度控制器故障等，分析故障原因和对保护设备的影响，给出应采取的应急处理措施和检查处理方法，并对检查处理过程中的危险点进行分析和预控。

第一节 TV 断线或 TV 异常

当风电场变电站 TV 断线或 TV 异常时，常见的故障现象主要有：

（1）某段母线所有保护装置均出现"TV 断线"或"TV 异常"信号。

（2）某间隔两套保护或保护与测控装置均出现"TV 断线"或"TV 异常"信号。

（3）某间隔仅单套保护出现"TV 断线"或"TV 异常"信号。

一、对保护设备的影响

当出现 TV 断线或 TV 异常时，对于不同的保护将会造成不同的影响，分析见表 10-1。

二、故障原因分析及采取的应急处理措施

TV 断线或 TV 异常故障原因分析及采取的应急处理措施见表 10-2。

表 10-1   TV 断线或 TV 异常对于保护的影响

保护	TV 断线或 TV 异常对于保护的影响
线路保护	（1）对于纵联距离、零序保护，闭锁有关纵联距离、零序保护。 （2）对于电流差动保护，退出电容补偿。 （3）闭锁距离保护。 （4）根据控制字选择和程序设计，退出相关零序方向过电流保护，且保留一部分不带方向的零序保护。 （5）提高工频变化量阻抗动作门槛。 （6）自动投入 TV 断线后过电流及零序过电流保护。 （7）对于复压方向过电流保护，根据控制字选择及程序设计，退出或保留方向过电流保护。 （8）闭锁线路保护低周及低压减载功能
主变压器保护	（1）闭锁有关距离保护。 （2）根据控制字选择及程序设计，退出或保留复压方向过电流保护。 （3）根据控制字选择及程序设计，退出或保留零序方向过电流保护
母差保护	开放相应母线段闭锁
备自投装置	某段电压异常，若相应进线轻载，可能造成备自投误动作

表 10-2   故障原因分析及采取的应急措施

序号	故障现象	故障原因	应急处理措施
1	某段母线所有保护装置均出现"TV 断线"或"TV 异常"信号	（1）某段母线全停。 （2）母线 TV 本身出现故障。 （3）母线 TV 二次低压断路器损坏或熔断器熔断。 （4）母线电压互感器二次回路或公用并列屏电压源头出现断线、短路或电压屏顶小母线放电导致短路。 （5）母线 TV 刀闸辅助触点损坏或接触不良（利用刀闸辅助触点直接切换）。 （6）母线电压直流切换回路出现异常（利用公用切换装置）。 （7）母线电压切换并列装置故障（利用公用切换装置）	不退出相关保护，若判断为 TV 异常引起，则隔离后进行 TV 二次并列应急处理
2	某间隔两套保护或保护与测控装置均出现"TV 断线"或"TV 异常"信号	（1）屏顶至本间隔电压二次回路出现断线或接触不良情况。 （2）本间隔电压切换二次回路出现异常。 （3）本间隔电压切换并列装置故障	不退出相关保护，应尽快处理；对于存在整定失配线路上，应考虑停役间隔处理，以免线路故障扩大成电网故障

序号	故障现象	故障原因	应急处理措施
3	某间隔仅单套保护出现"TV断线"或TV异常"信号	（1）屏顶至保护装置二次回路断线或接触不良或屏顶至该套保护的 N600 接线松动或脱落。 （2）保护装置交流插件或电压频率转换器（VFC）、AD 插件或 CPU 插件故障。 （3）保护屏交流电压低压断路器损坏。 （4）某套保护电压低压断路器跳开，电压切换后二次回路短路或交流插件故障	（1）双重化保护配置，解除整套保护处理；单套配置保护，则采取不退出保护处理措施。 （2）对于线路保护在区内故障时可能会造成上级越级跳闸。 （3）对于备自投装置，采取退出整套备自投装置的处理方式

三、故障点检查处理方法

根据不同的故障点，应采取不同的检查处理措施。引起 TV 断线或 TV 异常的可能故障点有：

1. 母线 TV 异常

测量母线 TV 端子箱或汇控柜内低压断路器或熔断器上端（源头）电压异常后，再检查 TV 接线盒至 TV 端子箱或汇控柜相关接线或电缆均无异常后，则初步判断为母线 TV 本体异常。在断开相应低压断路器、熔断器，并对开口三角形绕组电压进行隔离后，重新测量源头输出仍异常，则进行二次电压并列操作，恢复异常母线段保护正常运行。停役故障电压互感器进行处理。

2. 二次低压断路器损坏或熔断器熔断

测量母线 TV 端子箱或汇控柜或保护测控屏内低压断路器或熔断器上下端电压，当上端（源头）电压正常，而下端（负荷端）电压异常，则判断为二次低压断路器损坏或熔断器熔断，检查无回路短路后，对相应低压断路器进行试送，仍不成功则更换。同样对存在问题的熔断器进行更换。

3. 电压二次回路断线或接触不良

对于电压二次回路断线，首先在检查外观均无明显异常（如接线脱落）后，采用分段法进行逐个回路测量检查。

（1）先到公用并列屏测量相应母线电压输入（由电压互感器端子箱或汇控箱来的电压），若电压异常则按以下点分段检查：公用屏至电压互感器端子箱或汇控箱的二次电缆→电压互感器端子箱或汇控箱内相关接线→电压互感器端子箱或汇控箱至电压互感器接线盒的二次电缆→电压互感器接线盒相关二次接线，如果电压互感器二次电压切换采用电压互感器隔离开关辅助触点就地切换，还需检查电压互感器端子箱或汇控箱至刀闸机构箱相关接线及二次电缆。

（2）当公用并列屏测量电压输入正常，如果电压互感器二次电压切换采用经切换装置切换的设计，则测量切换后电压是否正常，若异常，则排除端子排至装置背板接线均无异常，初步判断为切换回路或切换装置故障。如果测量正常，则逐段检查测量公用屏出线馈线电缆接线、至屏顶电压小母线接线是否正常，以此判断故障点。

（3）当仅某间隔电压异常，同样方法分段检查电压及接线是否正常，间隔切换前电压输入→切换后电压输出→切换后电压电缆及接线→切换后至保护屏内输入低压断路器接线→保护屏低压断路器下端进装置的相关回路（包括 N600 接线）

4. 电压二次回路短路

对于电压二次回路短路，首先在检查外观均无明显异常（如接线烧灼）后，查看相应电压互感器端子箱或汇控箱以及保护测控屏内的电压低压断路器或熔断器是否存在脱扣或熔断情况，参考上述分段测量存在短路电压的回路（包括屏顶小母线是否绝缘不良导致放电短路，并进行处理，在测量回路存在短路情况下严禁试送低压断路器或熔断器。

5. 刀闸辅助触点损坏或接触不良

（1）对于利用电压互感器刀闸辅助触点实现就地二次电压切换，在电压互感器刀闸机构箱内端子排上测量切换前电压输入正常，而切换后电压输出异常，则可初步判断是母线电压互感器辅助触点损坏或接触不良导致。

（2）母线公用或间隔利用切换装置进行电压切换时，当出现电压异常，应检查切换装置刀闸位置指示是否正确，同时结合测量屏内直流切换回路相关接线电位是否符合实际的运行状态（如 $\mathrm{I}03$、$\mathrm{I}04$、$\mathrm{II}03$、$\mathrm{II}04$、61、62、63、64），逐段检查排查保护屏→户外端子箱、汇控箱→刀闸机构箱相关接线异常后，测量刀闸机构箱相关回路电位异常后，判断故障点在刀闸辅助触点损坏或接触不良，然后进行调整或更换。

6. 电压切换装置故障

在测量比对进切换装置前电压回路以及装置切换后电压，如果切换前电压正常，切换后出现电压异常，同时在排除相关二次接线和切换回路异常后，则判断为电压切换装置故障，对相应切换插件进行更换、试验，试验时应注意防止造成 TV 反充电或误联络，应注意对输入电压接线隔离，恢复时也应注意核对相关接线。

7. 保护装置交流插件故障

在测量进保护装置的交流电压均正常情况下，对于双 AD、双 CPU 配置的保护，若所有 CPU 交流采样均异常，则优先怀疑是交流插件故障引起，在退出有关保护或停役间隔后执行相应安措措施后，更换交流插件后进行相应采样检查试验，满足规程要求。对于 AD 或 CPU 其他配置的保护和安全自动装置，同样采取优先更换交流插件判断处理。

8. 保护装置 AD/VFC 插件故障

在测量进保护装置的交流电压均正常情况下，对于双 AD、双 CPU 配置的保护，若所有 CFU 交流采样均异常，在更换交流插件无效后，更换 VFC、AD 插件，并进行交流采样试验，满足规程要求；若仅某 CPU 交流采样异常，保护双 AD 配置在不同插件上，则更换 CPU 采样异常对应 AD 插件。对于 AD 或 CPU 其他配置的保护和安全自动装置，同样更换交流插件异常未消失，则更换 AD/VFC 插件。

9. 保护装置 CPU 插件故障

（1）在测量进保护装置的交流电压均正常情况下，对于双 AD、双 CPU 配置的保护，若仅某 CFU 交流采样异常，如果双 AD 集成同一插件，在退出有关保护或停役间隔、执行相应安措措施后，优先更换异常采样的 CPU 插件，并进行与该 CPU 有关采样、开入开出检查试验，满足规程要求。

（2）在测量进保护装置的交流电压均正常情况下，除上述情况外，在更换交流插件、AD/VFC 插件异常仍未消失时，则更换 CPU 插件，试验要求同上。

在断电更换插件前，应记录装置的版本、校验码信息以及其他相应设置，在新 MONI 或 CPU 插件插入后重新设置和核对。

四、危险点分析及防范措施

TV 断线或 TV 异常危险点分析及防范措施见表 10 - 3。

表 10 - 3　　　　　　　　危险点分析及防范措施

序号	危险点	防范措施
1	误碰运行设备造成跳闸	在运行的设备上进行带电检查处理，为防止误碰造成的跳闸或设备异常，应对相邻重要出口回路端子用红色胶布封住，防止误碰运行中设备
2	检查处理表计使用不当造成交流电压二次回路短路	进行缺陷检查处理时，首先应注意检查使用万用表的挡位及表棒的接入位置，不用的挡位用红色胶布封好，防止在进行交流电压测量时，误切至电流挡、电阻挡或误接入电流挡，造成交流电压二次回路短路

序号	危险点	防范措施
3	TV 二次反充电	拆除转检修的 TV 母线电压端子排外部二次连接线时，应拆除一根立即用绝缘红色胶布包好，并做好标识，防止误碰相关二次连接线造成异常。恢复时必须认真核对并经第二人确认
4	在运行设备上试验时造成误动作	在运行的保护设备上进行通流通压检查试验时，必须严格执行二次作业安全措施票
5	插件损坏	（1）拔插或更换装置插件前，必须先断开装置的直流电源低压断路器。 （2）在携带保护装置 CPU 板等带有芯片的插件时，插件必须装在防静电袋内；直接接触或更换保护装置芯片时，必须使用防静电手套。拔插芯片必须使用专用芯片起拔器，严禁采用螺丝刀、尖嘴钳等其他工具进行撬拔。拔芯片时，应注意起拔器与芯片接触可靠后再平衡用力起拔，芯片插入时，应注意插入的方向位置，插入时应缓慢，待所有芯片引脚均插入芯片座后再慢慢着力按压，确保接触可靠，防止操作不当将芯片脚弄变形或弄断

第二节　TA 断线或 TA 异常

当风电场变电站 TA 断线或 TA 异常时，常见的故障现象主要有：

（1）多套保护或测控装置、某间隔两套保护或保护与测控装置均出现"TA 断线""TA 异常"信号。

（2）某间隔仅单套保护出现"TA 断线""TA 异常"信号。

一、对保护设备的影响

当出现 TA 断线或 TA 异常时，对于不同的保护将会造成不同的影响，分析见表 10 - 4。

表 10 - 4　　　　　　TA 断线或 TA 异常对于保护的影响

保护	TA 断线或 TA 异常对于保护的影响
线路保护	（1）保护装置闭锁距离保护、零序保护；退出零序Ⅲ段保护、零序Ⅱ段不经方向。 （2）根据控制字选择或程序设计，退出差动保护
主变压器保护	可经控制字选择是否闭锁比率差动保护。应检查电气二次回路，查明 TA 断线原因，防止区外故障时引起差动保护动作

保护	TA 断线或 TA 异常对于保护的影响
母差保护	电气二次回路存在问题，支路 TA 断线情况下母差保护被闭锁；母联 TA 断线情况下，装置自动置互联，区内故障切除该母联连接的全部母线
备自投装置	仅告警

二、故障原因分析及采取的应急处理措施

TA 断线或 TA 异常故障原因分析及采取的应急处理措施见表 10 - 5。

表 10 - 5　　　　　　　　故障原因分析及采取的应急处理措施

序号	故障现象	故障原因	应急处理措施
1	多套保护或测控装置、某间隔两套保护或保护与测控装置均出现"TA 断线""TA 异常"信号	（1）TA 一次出线断线或故障。 （2）电流互感器本身故障。 （3）电流二次回路故障	现场确认多套设备均采样异常，应采取停役一次设备检查处理的措施
2	某间隔仅单套保护出现"TA 断线""TA 异常"信号	（1）装置系统参数定值设置错误。 （2）电流二次回路故障。 （3）保护装置交流 AC 插件故障。 （4）保护装置 AD/VFC 插件故障。 （5）保护装置 CPU 板或 MONI 板故障	（1）对于双重化配置的设备应退出异常的整套保护。 （2）对于单套配置的设备，除安全自动装置和母差保护整套退出处理外，线路应考虑旁代或转电停役处理，电容器、接地变压器停役处理。 （3）对于 110kV 及以下主变压器保护采用主后分箱式配置，无法转电停役处理，应退出异常的整套保护处理

三、故障点检查处理方法

根据不同的故障点，应采取不同的检查处理措施。引起 TA 断线或 TA 本体异常的可能故障点主要有：

1. TA 一次出线断线或故障

检查一次系统是否有明显断线情况，若有则为 TA 一次出线断线。若一次系统无断线情况，在排除 TA 接线盒开路、二次电缆故障及本体故障后，可确定为 TA 一次系统故障，联系专业人员进行处理。

2. TA 异常

因出现多套设备采样异常应停役该间隔进行停电检查，安排 TA 伏安特性及变比等试验，检查 TA 的实际故障位置，甚至通过返厂 TA 解体确认。进行 TA 更换，需拆除 TA 接线盒所有二次接线，拆除前应做好接线的记录，以便恢复时核对。

在设备停电后，进行现场 TA 本体相关测试前，必须在端子箱划开至母差保护的电流回路，并用绝缘胶布封住至母差保护侧电流回路，防止试验时误通入运行设备。

3. 电流二次回路故障

对于多套保护或测控装置、某间隔两套保护或保护与测控装置均出现"TA 断线""TA 异常"信号，重点检查故障相 TA 接线盒到端子箱或汇控箱二次电缆。在设备停电后，必须在端子箱划开至母差保护的电流回路，并用绝缘胶布封住至母差侧电流回路，采用绝缘电阻表测试各 TA 绕组的电流二次回路绝缘；短接端子箱或汇控箱供母差保护的 TA 侧端子，在 TA 接线盒处进行二次通流试验，检查所有保护、测控装置采样是否正常，并用钳形电流表在端子箱或汇控箱测量母差及计量用电流采样是否正常。若发现异常，则为故障相 TA 接线盒至端子箱或汇控箱二次电缆故障所致。

对于某间隔仅单套保护出现"TA 断线""TA 异常"信号，应分情况分析。当某电流组别某相电流显示值为 0，与其他两相偏差较多，则可能为 TA 二次回路出现开路，此时对所有分段点应进行检查，检查保护屏、端子箱或汇控箱以及 TA 接线盒所有接线端子是否开路烧焦、打火花等情况，负荷电流较小时，无上述现象，可借助红外测温仪对这些回路进行测温，并与其他两相进行比较，以确认是否存在开路点。当发现有明显的开路点，且开路较严重时，如已烧灼其他接线端子，则申请紧急停役进行处理。若检查为某个中间连接片或端子排 TA 接线松动，则可在现场带电进行处理，将发现异常处之前的电流回路短接后进行接线紧固或中间连接片更换工作。短接过程中要戴绝缘手套，使用绝缘良好的工具，并站在绝缘垫或绝缘凳进行。当运行中出现某相电流变小，出现零序电流，应检查保护屏、端子箱或汇控箱、TA 接线盒 TA 接线情况，是否存在某相电缆接线与其他相或 N 相紧挨碰到，造成分流放电引起故障，并在 TA 接线盒内检测是否存在潮湿进水引起绝缘下降情况。

4. 装置系统参数定值设置错误

首先应检查保护装置系统参数定值设置是否正确，若有错误，应重新进行固化整定，完成后，检查装置的异常现象已消失，装置液晶面板及装置指示灯显示正常。

5. 保护装置交流插件故障

用钳形电流表测量保护装置输入电流实测值与装置保护板、管理板显示值进行测量比较，当测量值与两个 CPU 板显示值数据不一致情况下，基本可确认是装置保护 AC 交流插件故障引起。在执行安全措施票后，断开保护屏上装置的直流电源低压断路器，拔出与显示异常通道对应的 AC 交流插件，更换新的 AC 插件，插入时应确保插件与底座接触可靠。更换后检查装置保护板和管理板零漂值，满足 $-0.01I_n < I < 0.01I_n$，$-0.05V < U < 0.05V$ 规程要求；通入电压、电流模拟量额定值，检查保护板与管理板采样显示值与试验值误差满足要求，误差应小于 5%。

6. 保护装置 AD/VFC 插件故障

在测量进保护装置的电流均正常情况下，对于双 AD、双 CPU 配置的保护，若仅某 CPU 交流采样均异常，在更换交流插件无效后，更换 AD/VFC 插件，并进行交流采样试验，满足规程要求；若仅某 CPU 交流采样异常，保护双 AD 配置在不同插件上，则更换 CPU 采样异常对应 AD 插件，对于 AD 或 CPU 其他配置的保护和安全自动装置，同样更换交流插件异常未消失，则更换 AD/VFC 插件。

7. 保护装置 CPU 板或 MONI 板故障

在测量进保护装置的交流电压均正常情况下，对于双 AD、双 CPU 配置的保护，若仅某 CPU 交流采样异常，如果双 AD 集成同一插件，在退出有关保护或停役间隔后执行相应安措措施后，则优先更换采样的 CPU 插件，并进行与该 CPU 有关采样、开入开出检查试验，满足规程要求。

在测量进保护装置的电流均正常情况下，除上述情况外，在更换交流插件、AD/VFC 插件异常仍未消失时，则更换 CPU 插件，试验要求同上。

在断电更换插件前，应记录装置的版本及校验码信息以及其他相应设置，在新 MONI 板或 CPU 插件插入时重新设置和校对。

四、危险点分析及防范措施

TA 断线或 TA 异常危险点分析及防范措施见表 10 - 6。

表 10-6   **危险点分析及防范措施**

序号	危险点	防范措施
1	定值整定引起误动	凡运行设备出现异常后，需进行定值重新整定及固化操作前，必须退出本装置的所有跳闸出口、失灵启动等出口压板，防止保护装置程序运行出错造成保护误动作，且在退出前做好记录，以便恢复时核对。保护投入运行前，必须确认保护装置面板指示正常，自检正常，差电流及零序电流正常，并采用高内阻电压表测量保护出口压板下端对地无电位输出，确认装置无异常输出
2	误碰运行设备造成跳闸（该项主要针对保护装置多间隔保护组屏方式）	检查处理中涉及同屏运行的设备，应用"设备运行中"绝缘挂牌做好标识，运行中二次接线端子采用红色胶布封住或其他隔离措施，防碰运行中设备
3	TA 回路开路	当用钳形电流表测量 TA 回路电流时，应注意使用钳形电流表时不可用力拉扯 TA 二次接线，防止处理过程中出现新的开路点
4	误短接电流组别造成跳闸	在短接异常保护的电流组别前，必须首先是退出与该电流有关的所有保护，包括可能串接在该回路的保护。短接电流接线或端子时，除了加强人员监护外，核对相应电流回路电缆去向、组别外，必要时还需借助钳形电流表等工具进行确认，防止短接错误组别造成运行设备采样异常或保护误动作。短接时，运行的其他电流组别接线端子采用红色绝缘胶布封住，防止误短接运行中的电流端子
5	人身伤害	故障处理应至少有两个人，且在处理中需加强监护，短接中应用可靠短接的短接片或短接线短接，不可使用导线缠绕。短接过程中要戴绝缘手套，使用绝缘良好的工具，并站在绝缘凳上进行。恢复时必须认真核对，并经第二人确认
6	母差保护异常或误动作	间隔停役进行 TA 二次通流试验时，必须在端子箱侧断开母差保护的电流回路，并用绝缘胶布封住，防止试验时误通入运行设备
7	在运行设备上试验时造成误动	在运行的保护设备上进行通流通压检查试验时，必须严格执行二次作业安全措施票
8	插件损坏	防范措施同表 10-3

第三节　控制回路断线故障

一、对保护设备的影响

控制回路断线常见的故障现象及对设备的影响分析见表 10-7。

二、故障原因分析及采取的应急处理措施

控制回路断线故障原因分析及采取的应急处理措施见表 10-8。

表 10-7　　　　　控制回路断线常见的故障现象及对设备的影响分析

序号	故障现象	对保护设备的影响
1	双组跳闸线圈配置的断路器出现"第一组、第二组控制回路断线"信号	若设备或线路故障断路器拒动，将造成扩大电网事故
2	单组跳闸线圈配置的断路器出现"控制回路断线"信号	
3	双组跳闸线圈配置的断路器出现任一组"控制回路断线"信号	若不影响设备的正常分闸，但影响合闸功能。对于线路保护而言，线路故障直接三跳无法合闸

表 10-8　　　　　　故障原因分析及采取的应急处理措施

故障	故障原因	应急处理措施
1	（1）断路器本体压力降低闭锁分合闸回路。 （2）断路器分闸状态下合闸回路断线、辅助触点接触不良、合闸线圈损坏或弹簧未储能闭锁等。 （3）操作箱继电器损坏	（1）在快速排除不是电气二次回路松动或电源低压断路器脱扣导致的控制回路断线，为了避免此时设备或线路故障造成越级，应考虑对该设备进行隔离，考虑到就地手动分闸或机械分闸对人身可能带来的操作风险，因而一般采取断上一级电源隔离的措施；对于双母线接线，将该间隔所在母线其他负荷支路转移至另一段母线，通过母联进行该间隔断电隔离若为其他桥式或单母线接线，应考虑断开对侧电源端断路器或上一级电源（如主变压器）断路器隔离处理。 （2）如果断路器拒动造成的越级，可能造成严重电网事故，可通过远控实现应急对该间隔的隔离
2	（1）断路器本体压力降低闭锁分合闸回路。 （2）控制电源故障（低压断路器损坏、电源回路断线或短路）。 （3）电气二次回路断线（合闸时检查分闸回路；分闸时检查合闸回路）。 （4）断路器辅助触点接触不良（合闸时检查分闸回路；分闸时检查合闸回路）。 （5）分合闸线圈损坏。 （6）断路器本体"远方/就地"切换开关损坏。 （7）操作箱或操作板继电器损坏	（1）在快速排除不是电气二次回路松动或电源低压断路器脱扣导致的控制回路断线，为了避免此时设备或线路故障造成越级，应考虑对该设备进行隔离，考虑到就地手动分闸或机械分闸对人身可能带来的操作风险，因而一般采取断上一级电源隔离的措施；对于双母线接线，将该间隔所在母线其他负荷支路转移至另一段母线，通过母联进行该间隔断电隔离；若为其他桥式或单母线接线，应考虑断开对侧电源端断路器或上一级电源（如主变压器压器）断路器隔离处理。 （2）如果断路器拒动造成的越级，可能造成严重电网事故，可通过远控实现应急对该间隔的隔离

续表

故障	故障原因	应急处理措施
3	（1）断路器本体压力降低闭锁分合闸回路。 （2）控制电源故障（低压断路器损坏、电源回路断线或短路）。 （3）电气二次回路断线（合闸时检查分闸回路；分闸时检查合闸回路）。 （4）断路器辅助触点接触不良（合闸时检查分闸回路；分闸时检查合闸回路）。 （5）分合闸线圈损坏。 （6）断路器本体"远方/就地"切换开关损坏。 （7）操作箱或操作板继电器损坏	不采取应急措施，尽快通知专业人员处理

三、故障点检查处理方法

根据不同的故障点，应采取不同的检查处理措施。控制回路断线的可能故障点主要有：

1. 断路器本体压力降低

"控制回路断线"信号伴随着断路器本体"压力低闭锁"等信号出现，可初步判断控制回路断线是压力降低等异常导致，若断路器在分闸情况，监测合闸回路还受弹簧未储能影响，配合专业人员检查处理完成后恢复。

2. 直流屏或保护测控屏内控制电源低压断路器损坏

当测量直流屏或保护测控屏内控制电源低压断路器上下端电压，当上端（源头）电压正常，而下端（负荷端）电压异常，则判断为二次侧低压断路器损坏，检查无回路短路后，对相应低压断路器进行试送，仍不成功则更换。

3. 控制回路断线或接触不良

对于控制回路断线，首先在检查外观均无明显异常（如接线脱落）后，采用分段法进行逐个回路测量检查（以开关在合闸状态说明）。

（1）先到保护屏测量出现控制回路断线的控制电源正负电源是否正常，若异常则检查屏内低压断路器下端至端子箱接线是否异常。

（2）如果上述电压测量正常，则进一步测量保护屏端子箱分闸回路 37 对控制负电源的电压，若为 220V 左右，则按照保护屏端子排接线→断路器端子箱或汇控箱至断路器机构箱二次电缆→断路器机构箱相关接线，逐级测量定位，当某级测量该点分闸回路对负电源电位降为小于 10V，则确认是前一级接线松动、脱落或电缆断线故障引起，当然也不排除是辅助触点、闭锁触点以及切换开关损坏导致。

（3）当测量分闸回路 37 对控制负电源的电压在 10V 左右或小于 10V，则说明断线点在保护屏内端子排内部接线至操作箱相关继电器回路，在某分闸回路点上测量与负电源电压出现变化，则说明故障在该点相关接线和回路上。

4. 控制回路短路

对于控制回路短路，首先在检查外观均无明显异常（如接线烧灼）后，查看相应端子箱或汇控箱以及保护测控屏内的低压断路器是否存在脱扣情况，参考上述分段测量存在短路的回路，并进行处理，在测量回路存在短路情况下严禁试送低压断路器。

5. "远方/就地"行程开关损坏

以开关合闸为例：逐级测量断路器操动机构箱内分闸回路与控制负电源电压，按照断路器操动机构箱端子箱 37、2→"远方/就地"切换开关回路→压力闭锁触点回路→断路器辅助触点回路→跳闸线圈回路逐级测量，在排除上述接线接触不良导致断线外，分别测量串接于分闸回路"远方/就地"行程开关两端对控制负电源的电位，一端电压为 220V，另一端电压小于 10V，则说明行程开关触点损坏或接触不良，需更换备用触点或停电进行辅助触点行程开关的调整或更换整个行程开关。

6. 压力闭锁触点损坏

以开关合闸为例：逐级测量断路器机构箱内分闸回路与控制负电源电压，按照断路器机构箱端子箱 37、2→"远方/就地"切换开关回路→压力闭锁触点回路→断路器辅助触点回路→跳闸线圈回路逐级测量，在排除上述接线接触不良导致断线外，分别测量压力闭锁触点两端对控制负电源的电位，一端电压为 220V，另一端电压小于 10V，则说明压力闭锁触点损坏或接触不良，需更换备用触点或停电进行压力闭锁触点的调整或更换。

7. 断路器辅助触点损坏或接触不良

以开关合闸为例：逐级测量断路器机构箱内分闸回路与控制负电源电压，按照断路器机构箱端子箱 37、2→"远方/就地"切换开关回路→压力闭锁触点回路→断路器辅助触点回路→跳闸线圈回路逐级测量，在排除上述接线接触不良导致断线外，分别测量断路器辅助触点两端对控制负电源的电位，一端电压为 220V，另一端电压小于 10V，则说明辅助触点损坏或接触不良，需更换或停电进行辅助触点行程开关的调整。

四、危险点分析及防范措施

控制回路断线故障危险点分析及防范措施见表10-9。

表 10-9　　　　　　　　　　危险点分析及防范措施

序号	危险点	防范措施
1	误碰运行设备造成跳闸	防范措施同表10-3
2	检查处理表计使用不当造成本间隔误分合	当开关在运行状态或热备用状态进行缺陷检查处理时首先应注意检查使用万用表的挡位及表棒的接入位置，不用的挡位用红色胶布封好，防止在进行电压测量时，误切至电流挡、电阻挡或误接入电流挡，造成单点接地情况下开关的误分合
3	检查处理过程中临时拆线误碰其他回路造成设备异常或跳闸	故障处理应至少有两个人，且在处理中需加强监护，对于处理过程中临时拆线检查，拆除接线应用绝缘胶布包好，防止误碰其他带电部分造成异常。恢复时必须认真核对，并经第二人确认
4	在运行设备上试验时造成误动作	防范措施同表10-3

第四节　　保护插件或监测继电器故障

一、对保护设备的影响

保护插件或监测继电器常见的故障现象及对保护设备的影响见表10-10。

表 10-10　　　保护插件或监测继电器常见的故障现象及对保护设备的影响

序号	故障现象	对保护设备的影响
1	保护装置黑屏，所有指示灯均灭，且伴有"装置闭锁"或"直流电源消失"以及装置通信中断信号	装置完全退出运行，不会误动
2	与装置外部回路无关的异常信号（如：保护板或管理板或CPU数据存储器、程序存储器定值存储器出错或异常；CPU采样异常；TA断线；TV断线；通道异常等）	异常信号伴随有保护装置闭锁或告警Ⅰ信号，此时整套装置被闭锁，不会误动作
3	与装置外部回路有关的开入异常，有装置报警或装置异常信号（如：间隔跳位继电器开入合位；间隔刀闸开入分位等）	因有流判据，相应设备保留在原有运行状态，发状态不对应信号，应及时处理，否则当负荷变化变为轻载或空载时，可能会造成开入状态误判

序号	故障现象	对保护设备的影响
4	通信中断	仅有通信中断信号或伴随有装置报警或异常信号，暂不影响保护设备的正常运行；伴随有保护装置闭锁信号，将闭锁整套保护装置
5	仅有"母线保护、测量电压消失或线路 TV 断线"信号，保护装置无异常信号	可能为辅助监测继电器损坏，不影响保护设备的正常运行

二、故障原因分析及采取的应急处理措施

保护插件或监测继电器故障原因分析及采取的应急处理措施见表 10 - 11。

表 10 - 11　　　　　故障原因分析及采取的应急处理措施

故障	故障原因	应急处理措施
1	（1）电源插件故障。 （2）电源接线接触不良或低压断路器损坏或脱扣	保护双重化配置，退出整套保护单套保护应该停电或退出处理
2	（1）各类存储器出错或某 CPU 板采样异常，可能是 CPU 插件故障。 （2）与采样有关异常，可能是交流插件损坏或故障。 （3）与采样无关异常，AD/VFC 插件损坏或故障	保护双重化配置，退出整套保护。单套保护应该停电或退出处理
3	（1）操作箱继电器触点损坏。 （2）刀闸辅助触点故障。 （3）电气二次回路故障。 （4）有独立开入插件，则为开入插件故障。 （5）开入功能集成在 CPU 插件，则为 CPU 插件故障	此时可不对保护装置进行投退，重点对这些异常变位的电气二次回路进行检查虽暂不影响设备正常运行，但考虑到缺陷处理，需退出或停役整套保护处理，因而要求：保护双重化配置，退出整套保护。单套保护应该停电或退出处理
4	（1）通信线松动、接触不良或接头损坏。 （2）保护管理机故障或异常。 （3）保护通信配置不正确。 （4）通信插件故障	当伴随有闭锁装置信号，保护双重化配置，退出整套保护。单套保护应该停电或退出处理。其他情况通知专业人员处理
5	保护装置电源插件故障	不采取应急措施，尽快通知专业人员处理

三、故障点检查处理方法

根据不同的故障点，应采取不同的检查处理措施。引起保护插件或监测继电器故障的可能故障点主要有：

1. 保护装置电源插件故障

测量进装置背板的电源正负接线电压均正常情况下，判断可能是电源插件故障引起异常。

（1）断电更换相关插件前，若液晶未失电情况下，应记录保护装置的通信地址，恢复时核对；若液晶面板已黑屏，应与装置面板粘贴地址码标签内容或存底通信地址表信息进行核对确认。

（2）断开保护屏上装置的直流电源低压断路器后，拔出装置电源插件。

（3）新更换插件插入时应检查插件与底座接触可靠并锁好插件的螺丝或拧紧卡钮，合上插件上电源开关按钮，用万用表测量装置背板电源接线无短路或失地现象，再合上屏上的直流电源低压断路器，检查装置液晶面板及装置指示灯显示正常。

（4）模拟装置失电告警。

（5）核对保护装置定值及相关通信等设置是否满足要求。

2. 保护装置 CPU 插件故障

当装置可报出具体的故障 CPU 板时，可断定因装置某 CPU 板故障引起异常，采取更换 CPU 板排除。

（1）在执行安全措施后，断开保护屏上装置的直流电源低压断路器，带好防静电手套，拔出相应 CPU 插件，用专用程序芯片起拔器拔出 CPU 程序芯片装于新 CPU 插件，芯片插入时应注意插入的方向位置，插入时应缓慢，待所有芯片引脚均插入芯片座后再慢慢着力按压，确保接触可靠。

（2）在断电更换插件前，应记录装置的版本及校验码信息以及其他相应设置，在新 MONI 板或 CPU 插件插入时重新设置和核对。

（3）核对保护定值。

（4）进行与该 CPU 有关采样、开入、开出（包括矩阵对应出口验证、信号指示、信号传输），满足规程要求。线路保护还应增加发信功率，灵敏启动电平测试项目。

3. 保护装置交流插件故障

在采样出现异常情况下，在判断外部回路正常或双 AD 配置 CPU 板或单 AD 配置 CPU 采样均异常，则判断是交流插件故障引起，采取以下措施：

（1）在执行安全措施后，断开保护屏上装置的直流电源低压断路器，拔出与显示异常通道对应的交流插件，更换上新的交流插件，插入时应确保插件与底座接触可靠。

（2）按规程要求，检查装置各 CPU 所有电压、电流通道的零漂值和有效值，满足规程要求。

4. 保护装置 AD/VFC 插件故障

在采样出现异常情况下，在判断外部回路正常或双 AD 配置 CPU 板某 CPU 采样异常，则优先更换 AD/VFC 插件；如果双 AD 配置 CPU 板或单 AD 配置 CPU 采样均异常，在更换保护装置交流插件无效后，异常情况在更换 AD/VFC 插件后异常消失，则判断是 AD/VFC 插件故障引起，采取以下措施：

（1）在执行安全措施后，断开保护屏上装置的直流电源低压断路器，拔出与显示异常通道对应的 AD/VFC 插件，更换上新的 AD/VFC 插件，插入时应确保插件与底座接触可靠。

（2）按规程要求，检查装置各 CPU 所有电压、电流通道的零漂值和有效值，满足规程要求。

5. 保护装置开入插件故障

在确认报开入异常支路的外部电气二次回路与实际运行状态一致情况下，判断可能是保护装置开入插件故障引起，更换开入插件或 CPU 插件后异常消失，则确定是开入插件或 CPU 插件故障（CPU 插件故障参照上述处理），采取以下措施：

（1）在执行安全措施后，断开保护屏上装置的直流电源低压断路器，拔出与显示异动合入对应的开入插件，更换新的开入插件，插入时应确保插件与底座接触可靠。

（2）更换后逐个检查装置开入显示与外部开入量状态相一致，变位正常。

6. 保护装置通信插件故障

在排查是保护通信数据线故障、接触不良或接头损坏、保护管理机故障等异常，且保护装置通信配置符合要求，在重启保护无效后，可判断是保护装置通信插件故障引起，如果有相关装置闭锁、报警信号，可进一步明确装置通信插件故障，采取以下措施：

（1）在执行安全措施后，断开保护屏上装置的直流电源低压断路器，更换上新的通信插件，插入时应确保插件与底座接触可靠。

（2）检查和重新设置通信配置，检查装置本身通信是否正常，与监控后台、故障信息系统通信是否正常。

7. 辅助监测继电器故障

在确认出现"母线保护、测量电压消失"或"线路 TV 断线"信号，而无保护装置异常信号时，测量该继电器的输入电压，如果电压均正常情况下，可判断是辅助监测继电器故障引起，采取以下措施：

（1）记录监测继电器所有接线位置，逐根解除继电器所有输入电压报警信号接线，并用绝缘胶布逐芯包好。

（2）对新监测继电器进行告警值或监测值的整定，符合定值管理要求。并用继电保护试验仪对新监测继电器进行动作值、返回值试验以及报警触点通断进行试验，符合规程要求。

（3）按照记录接线位置，接入所有继电器接线，检查报警信号是否已返。

四、危险点分析及防范措施

保护插件或监测继电器故障危险点分析及防范措施见表 10 - 12。

表 10 - 12   危险点分析及防范措施

序号	危险点	防范措施
1	误碰运行设备造成跳闸	防范措施同表 10 - 3
2	在运行设备上试验时造成误动作	防范措施同表 10 - 3
3	插件损坏	防范措施同表 10 - 3

第五节　直流接地故障

直流接地故障主要表现为直接接地（对地电压为零）或者绝缘下降（对地电压降低）。当发生直流接地时，规程允许一点接地运行 2～4h，但应尽快处理，防止再发生一点接地造成设备误动或拒动。

一、故障原因分析及采取的应急处理措施

导致直流接地的可能的故障原因主要有：

（1）绝缘监察装置故障误报。

（2）交流串入直流回路。

（3）电气二次回路绝缘不良和负荷支路装置内部故障导致绝缘下降。

（4）直流系统本体故障导致绝缘下降（充电装置、蓄电池组、巡检仪、监测装置仪表等）。

应采取的应急措施：

现场运行值班人员实际测量对地电压，确认系统存在接地或交流串入，根据绝缘监察装置选出接地支路，在采取安全措施（如短路退出有关保护出口压板）后，优先进行拉路定位；绝缘监察装置无法选出具体接地支路时，应先对不重要负荷进行拉路查找和隔离。

二、故障点检查处理方法

根据不同的故障点，应采取不同的检查处理措施。引起直流接地故障的可能故障点主要有：

1.绝缘监察装置故障误报

采用万用表实测直流母线对地电压直流分量情况，当实测电压与绝缘监察装置显示电压不一致时，则判断为绝缘监察装置故障导致的误报。优先对绝缘监察装置进行断电重启，当重启无法恢复时，进行逐级排查，首先检查绝缘监察装置的参考接地点接线是否松动或脱落，或是装置电压采集模块故障、装置CPU 故障导致，对于存在故障的插件、模块进行更换，并对定值进行整定、核对，待母线电压及对地电压均恢复正常后，再采用电阻箱（不低于 $20k\Omega$）进行接地模拟，检查装置工作正确。

2.交流串入直流回路

（1）采用万用表直流电压挡和交流电压挡分别测量直流母线对地电压交直流分量情况，当测量交流分量大于 3V 以上，则认为是交流分量串入。

（2）通过绝缘监察装置显示的告警支路进行拉路查找定位具体间隔，然后再将与该支路有关的交流电源低压断路器短时断开进行确认，按照上述接地查找原则，重点排查端子箱中隔离开关、断路器或风冷控制、调压闭锁交直流，是否存在串接或因交直流端子未隔离受潮等导致端子之间绝缘下降。

（3）当绝缘监察装置无法定位具体接地支路，则采用断开交流配电柜的交流出线低压断路器逐路查找，当断开某交流支路后直流系统对地交流分量消失，则说明该支路交流分量串入直流系统，再根据该交流负荷的分配负荷查找下级支路当拉开某间隔交流电源或拆除相关交流接线，直流系统交流分量消失时，则为该间隔存在交流串入，同样重点排查端子箱中隔离开关断路器或风冷控制、调压闭锁交直流回路。

3.电气二次回路绝缘不良

根据绝缘监察装置显示对地电压、对地电阻和接地支路情况综合查找处理：

（1）当绝缘监察装置选出具体接地支路，在采取安全措施情况下（主要针对保护电源），进行拉路定位，如断开报警支路电源低压断路器接地消失，则说明接地点在该支路上，按照上述原则进行分段逐级"测量、隔离、测量"进行定位，判断是电缆绝缘下降导致故障或二次接线受潮或脱落碰壳、接线受损破皮等导致绝缘下降。

（2）当绝缘监察装置无法选出具体接地支路，且显示母线对地电阻值接近于整定值，则适当提高整定值，如显示为30kΩ，则调整至50kΩ。再重新投入接地检测，如显示出具体接地支路，则同样按（1）方法进行检查处理。如仍无法具体定位接地支路，则借助接地查找仪进行查找。上述方法均无效后，则最后采取"拉路"查找，按照上述接地原则进行接地支路定位，判断是电缆绝缘下降导致故障或二次接线受潮或脱落碰壳、接线受损破皮等导致绝缘下降。

4. 负荷支路装置插件故障

当通过上述方法查找定位为保护装置工作电源导致接地，判断可能为电源插件内电容元件损坏导致接地发生，在停役有关装置或间隔后进行电源插件更换，更换后装置绝缘应恢复正常，装置自检正常，同时检测相应母线对地电压恢复正常。

5. 两段直流母线环路

当直流系统同时发生两段接地时：

（1）当两段直流同极性对地母线电压值接近，可初步判断是两段直流正极或负极回路存在环路，且某段系统发生接地，则首先按照上述方法找出接地，在断开某支路电源时，另一段直流接地也同时消失，则说明接地发生在该支路，且环路支路不在本间隔上，在排查接地情况后，再对环路进行查找处理优先检查存在环路供电的支路联络开关是否处于误合状态，再通过对环路供电支路的负荷进行切换，模拟高阻接地（高于25kΩ），逐步缩小环路点范围，再进行定位，如果断开某支路，该支路挂接直流母线电压恢复正常，另一段电源接地仍未消失，则说明环路支路可能在本间隔支路上，当然也不排除另一段直流电源同时发生，但考虑到两段接地电压值接近，这种接地情况比较极端，暂不作考虑。

（2）当两段直流异极性对地母线电压值接近于0，则说明在某支路某组的正电源或负电源与另一段负电源或正电源存在环路，在断开某间隔支路电源，两段接地均消失，则说明环路点在该支路上，重点检查相关电源支路。

6. 直流系统本体故障导致绝缘下降

当通过上述过程均无法找到故障点，则可能故障发生在直流系统本体设备（如充电装置、蓄电池组、巡检仪、监测装置仪表等）上。

（1）当短时断开充电装置，接地消失，则判断为充电装置故障。

（2）当短时断开蓄电池组，接地消失，则判断为蓄电池本体或蓄电池巡检仪或蓄电池在线监测系统故障，进一步判断查找蓄电池单体是否存在漏液，或蓄电池巡检接线有破损，或巡检仪或接地监测装置采集模块故障导致碰壳；当有双组蓄电池配置时，应将负荷转至另一段运行，再断开某蓄电池组定位判断。

（3）母排上相关接线破损或脱落导致绝缘下降。

三、危险点分析及防范措施

直流接地故障危险点分析及防范措施见表 10 - 13。

表 10 - 13　　　　　　　　　危险点分析及防范措施

序号	危险点	防范措施
1	检查处理表计使用不当造成本间隔断路器误分合	当断路器在运行状态或热备用状态时进行缺陷检查处理时，首先应注意检查使用万用表的挡位及表棒的接入位置，不用的挡位用红色胶布封好，防止在进行电压测量时，误切至电流挡、电阻挡或误接入电流挡，造成两点接地情况下开关的误分合
2	检查处理过程中临时拆线误碰其他回路造成设备异常或跳闸	防范措施同表 10 - 9
3	拆除隔离绝缘监测装置处理不当造成整段直流电源失去平衡桥	当发现全站仅有一台绝缘监测装置或某主馈线屏绝缘监测装置故障后，需进行拆除更换或处理时，隔离相关电源接线之前，应首先了解各厂家绝缘监测装置平衡桥回路的设计，若平衡桥采用装置内置的，拆除该装置前应接入移动式绝缘监测装置或在外部加装临时平衡桥（与原平衡阻值相近），防止整段直流母线对地电压出现漂浮，影响设备的正常
4	在运行设备上试验时造成误动作	防范措施同表 10 - 3
5	插件损坏	防范措施同表 10 - 3

第六节　光纤及 2M 复用通道故障

光纤及 2M 复用通道故障时对应装置报"通道异常"或"通道报警"，此时主保护自动退出，不会误动。

一、故障原因分析及采取的应急处理措施

1. 光纤及 2M 复用通道故障的可能原因

（1）保护装置通道控制字设置错误（单套通道异常）。

（2）站内保护光缆、尾纤或 2M 线接触不良、断芯（单套通道异常）。

（3）通信光缆故障（多套或单套通道异常）。

（4）通信电源故障（多套或单套通道异常）。

（5）通信复用设备故障（多套或单套通道异常）。

（6）保护 CPU 插件法兰盘损坏或接触不良（光差保护，单套通道异常）。

（7）保护 CPU 插件故障（光差保护，单套通道异常）。

（8）光电转换装置 CPU 插件法兰盘损坏或接触不良（纵联保护，单套通道异常）。

（9）光电转换装置故障（包括电源插件、CPU 插件等）（纵联保护，单套通道异常）。

（10）2M 接口装置法兰盘损坏或接触不良（复用通道，单套通道异常）。

（11）2M 接口装置故障（复用通道，单套通道异常）。

2. 应急处理措施

退出两侧主保护，通知专业人员处理。需更换线路保护 CPU 插件或修改地址码，应退出整套保护。

二、故障点检查处理方法

根据不同的故障点，应采取不同的检查处理措施。引起光纤及 2M 复用通道故障的可能故障点主要有：

1. 通信光缆故障（多套或单套通道异常）

如果通信光缆故障导致保护通道异常，可在第一时间咨询通信值班人员，确认是否需到站进行检查确认。

2. 通信电源故障（多套或单套通道异常）

在运行值班人员到站进行确认时，可初步检查 2M 接口装置无指示，测量电压消失，如果是多间 2M 复用通道异常，则可大致判定为通信电源设备故障或二次雷击过电压造成设备异常；如果仅单套设备道异常，则检查通信电源屏低压断路器、2M 装置电源低压断路器是否存在损坏或脱扣，在确认负荷端电源无短路情况下进行试送，无法恢复则更换低压断路器，并检查 48V 电源二次接线是否松动或脱落等。

3. 装置保护定值设置错误（仅单套装置异常）

仅单套保护装置异常时，应怀疑是装置通道控制字设置不正确引起，进入装置运行定值区检查相关通道控制字设置是否正确，包括时钟方式和主从机方式。修改后重新进行固化整定，完成后检查装置异常信号是否消失。

4. 站内保护光缆尾纤或 2M 线接触不良、断芯（单套通道异常）

（1）检查本侧相关尾纤及 2M 线接头是否存在松动或接触不良情况，若拧紧相应回路，异常恢复则判断为接头接触不良导致，如果异常未消失按下面步骤进一步判断。

（2）分级测量保护屏、2M 接口屏以及光纤配线架（optical distribution frame，ODF）尾纤的收发信功率是否正常，如果测量正常，接入前对相关接头采用光缆接头清洁器进行清洁；如果异常恢复，则说明可能为接头受污导致通道异常；如果异常未消失按下面步骤进一步判断；如果测量功率异常，则往源端逐一确认是在保护光缆、尾纤或是装置本体发生故障。

（3）在上述方法均无法定位故障位置时，则采用分段自环确认故障点，自环前应修改装置纵联码使之一致（对于光差保护，应退出整套保护）。

（4）首先在数字配线架（digital distribution frame，DDF）或光纤配线架（ODF）上，采用尾纤适配器或 2M 适配器对本侧通道回路进行自环，若此时通道异常消失，则说明故障在通信设备、通信光缆或对侧保护设备、回路上。如果异常不消失，再按照：2M 接口装置 2M 线自环→2M 接口装置接入尾纤自环→光电转换装置或保护装置收发信口自环，逐级缩小范围分段排查确认，当在某级自环后异常消失，则说明故障在前一级通道回路或装置上。

5. 保护 CPU 插件故障或法兰盘损坏或接触不良（光差保护，单套通道异常）

在保护装置上用尾纤自环，同时更改装置两侧纵联码使之一致，若异常信号仍存在，基本可确定是 CPU 插件故障或收发信口法兰盘接触不良引起，在重新紧固收发信口法兰盘（包括对插件内部法兰盘），同时检查法兰盘磁芯是否碎裂，有损伤则应更换法兰盘。如果均未发现异常而异通道常仍存在，则更换保护 CPU 插件。在执行安全措施票后，断开保护屏上装置的直流电源低压断路器，带好防静电手套，拔出相应 CPU 插件，更换新 CPU 插件，插入时应确保插件与底座接触可靠。在断电更换插件前，应记录装置的版本及校验码信息以及其他相应设置，在新保护 CPU 插件插入时重新设置和核对，并按补充检验要求，对 CPU 有关采样、开入开出以及收发功率、衰耗检查试验，满足规程要求。

6. 光电转换装置故障或 CPU 插件法兰盘损坏或接触不良（纵联保护，单套通道异常）

参照第 5 项检查，确认是法兰盘故障或光电转换装置 CPU 插件故障。

在执行安全措施票后，断开保护屏上装置的直流电源低压断路器，带好防静电手套，拔出相应 CPU 插件，更换新 CPU 插件，插入时应确保插件与底座接触可靠。在断电更换插件前，应记录装置的版本及校验码信息以及其他相应设置，在新保护 CPU 插件插入时重新设置和核对，并按补充检验要求，对 CPU 有关采样、开入开出以及收发功率、衰耗检查试验，满足规程要求。

7. 2M 接口装置故障或法兰盘损坏或接触不良（复用通道，单套通道异常）

参照第 5 项检查，确认是法兰盘故障或 2M 接口装故障。重换上新的 2M 接口装置后，测试收发以功率、衰耗，满足规程要求。

三、危险点分析及防范措施

光纤及 2M 复用通道故障危险点分析及防范措施见表 10 - 14。

表 10 - 14　　　　　　　　危险点分析及防范措施

序号	危险点	防范措施
1	定值整定引起误动	防范措施同表 10 - 6
2	在运行设备上试验时造成误动作	防范措施同表 10 - 3
3	插件损坏	防范措施同表 10 - 3
4	误拆运行设备光纤	在通信机房检查处理时，应认真核对光纤电缆号牌及尾纤号头，防止误碰、误拆运行中设备

第七节　后台机、远动机故障

后台机故障主要是软件或硬件故障，软件故障时表现为后台机监控程序出错或报警，硬件故障时表现为后台机操作系统软件故障或蓝屏死机。后台机故障时，将会影响变电站监控系统的正常监控功能，失去对站内一、二次设备运行状态的监视控制功能。

远动机故障不仅包括软硬件的故障，还可能出现远传通道中断或远传数据异常、远动机异常，远传通道中断、远传数据异常等缺陷会造成调度主站端远动数据接收异常，影响调度端对变电站的监控功能。

一、故障点检查处理方法

根据不同的故障点，应采取不同的检查处理措施。引起后台机、远动机故障的可能故障点主要有：

1. 后台机监控程序异常

（1）检查硬件加密狗，如接触不良则后台机关机，重新拔插硬件加密狗，确保接触牢靠，重启后台机并重新执行监控应用程序。

（2）检查后台机 C 盘及监控程序运行的磁盘空间，如空间不足则整理磁盘，备份历史数据至其他磁盘，删除相应的历史数据腾出磁盘空间，重启后台机并重新执行监控应用程序。

2. 后台机异常

（1）检查后台机 C 盘磁盘空间，如空间不足则整理磁盘，重启后台机并重新执行监控应用程序。

（2）当后台机蓝屏或死机时，长按后台机开机键，直至后台机关机，然后再按开机键开机，待后台机正常启动后，启动监控应用程序。

3. 远动机异常

（1）远动机运行指示灯不亮。出现此故障一般为远动机电源故障或远动机硬件故障引起，处理方法如下：

1）用万用表检查远动机电源，如电源正常，则关闭远动机电源或拉开远动机电源低压断路器，间隔 3～5s 后重启远动机，并用远动机数据监视软件监视远动机各进程运行正确，与各调度主站端通道连接正常，数据传输正确，如电源异常，则检查电源。

2）如重启远动机后，运行指示灯仍不亮，则需更换远动机。

3）若为双远动系统，重启一台远动前应用远动机监视软件确认另一台远动机运行正常。

（2）远动机网络通信指示灯不闪烁。出现此故障一般为网线松动、网线故障，处理方法如下：

1）重新拔插网线，检查网络通信指示灯是否恢复正常，如恢复正常，则重启远动机，用远动机数据监视软件监视远动机各进程运行正确，与各调度主站端通道连接正常，数据传输正确。

2）如网络指示灯未恢复正常，则用网线测试仪检查连接的网络线，如异常则重新制作网线水晶头，并重启远动机。

3）如网线正常，则为远动机网卡故障或对侧交换机、网卡故障，请检查交换机或网卡。

4）若为双远动系统，重启一台远动前应用远动机监视软件确认另一台远动机运行正常。

4.远动机远传通道中断或远传数据异常

（1）关闭远动机电源或拉开远动机电源低压断路器，间隔 3～5s 后重启远动机，并用远动机数据监视软件监视远动机各进程运行正确，与各调度主站端通道连接正常，数据传输正确。

（2）若为双远动系统，重启一台远动前应用远动机监视软件确认另一台远动机运行正常。

二、危险点分析及预控

后台机、远动机故障危险点分析及防范措施见表 10 - 15。

表 10 - 15 危险点分析及防范措施

序号	危险点	防范措施
1	两台后台机同时故障重启而失去监视	220kV 及以上厂站端后台机一般为主备机运行模式，运行维护人员定期巡视两台后台机，及时发现后台机故障，尽量保证一台机正常运行时再对另一台进行故障恢复，防止因两台后台机同时故障重启而失去监视
2	两台远动机与调度主站端通信均出现异常	220kV 厂站端远动机一般为主备机或双主机运行模式，重启远动机前，应检查另一台远动机运行正常，与调度主站端通信连接正常，数据传输正确，防止因重启时两台远动机与调度主站端通信均出现异常
3	计算机中毒感染整个监控系统网络及远传主站端网络	严格按照《电力二次系统安全防护规定》的要求，专用调试计算机在接入监控系统网络或远动机时，应先用最新版本的杀毒软件进行杀毒，确认无病毒后才能接入，防止因计算机中毒感染整个监控系统网络及远传主站端网络

第八节 故障录波装置故障

故障录波装置主要有装置故障、装置告警、无法录波、无法调取数据、通信中断、黑屏、死机、交直流电源消失等。

一、分析及采取的应急处理措施

故障录波装置故障分析及采取的应急处理措施见表 10 - 16。

表 10 - 16　　　　　　　　故障分析及采取的应急处理措施

故障	故障原因	应急处理措施
装置故障	装置硬件故障，造成录波通道采集处理异常，电力系统故障时无法正常录波，影响正常的分析	检查故障录波器屏上各低压断路器是否位置正常，各采集通道显示是否与一次设备一致，如果全部正常，可向归口管理单位申请退出故障录波装置，进行相应处理
装置告警	（1）接入间隔电压二次回路断线． （2）对于双母线接线方式的系统，接入故障录波器的母线电压值小于装置整定电压定值。 （3）对于 3/2 接线方式的系统，接入故障录波器的各线路电压值和母线电压值小于装置通道整定定值等模拟通道越限情况时的告警	对于故障原因（2）、（3），如果是定值计算在临界和装置模拟通道误差引起的需立即处理，防止录波器频繁录波造成内存溢出，影响系统异常时的正常录波。对于存在整定值太灵敏情况的，应及时联系整定计算人员调整定值，以免装置频繁启动引起装置损坏和正常录波
无法录波	对于嵌入式系统，软硬件故障或前后置机通信中断都可能引起录波不正常或无法保存录波文件，影响录波器正常工作	不退出相关装置，应尽快处理，硬盘故障情况，应退出整套装置进行处理
无法调取数据	装置分为故障波形自动上传和手动上传，也可在线手动调取历史故障数据，软件故障或通信故障，将无法调取故障文件，影响录波器使用	就地录波器装置录波正常情况下，不退出相关装置，但应尽快处理
通信中断	（1）就地录波器装置接入录波网的通信链路异常，光纤断裂、网口硬件故障或电接口故障数据网交换器接入端口异常影响录波数据的上传，远方无法实现调取录波数据。 （2）录波器前置机和后台机软硬件问题引起通信中断	就地录波器装置录波正常情况下，不退出相关装置，但应尽快处理
黑屏	录波器就地装置指示等正常，就地手动启动录波器正常，工控机显示器黑屏无任何亮屏迹象表示显卡损坏或显示器坏，需进行更换	就地录波器装置录波正常情况下，不退出相关装置，但影响正常就地调阅录波文件，应尽快处理
死机	系统崩溃或系统感染病毒，装置已处于死机状态，无法正常录波，影响装置正常运行	就地退出相关装置，可先重启故障录波器装置，无论系统是否能够正常起来，均需检查处理；如果装置及系统能够正常起来，可不必处理检查

续表

故障	故障原因	应急处理措施
交直流失电	就地录波装置屏上交直流监视继电器不工作，可能电源低压断路器跳开，直流失电将报"装置告警"及"装置闭锁"，相关装置将停止运行；交流失电将引起某个交流模拟通道无法正常采样，影响该间隔正常录波	屏上低压断路器是否处于正常位置，检查交直流监视继电器是否工作正常，对应给予干预处理

二、故障点检查处理方法

根据不同的故障点，应采取不同的检查处理措施。引起故障录波装置的可能故障点主要有：

1. 装置告警：定值边界频繁启动录波

检查频繁启动的具体通道，并核对具体定值，测量引入录波装置的实测值，并判断其是否在定值边界。如××线路零序电流突变量整定 0.2A，接入装置通道 8，用钳形相位表实测该间隔的三相电流极为不平衡，零序通道电流在 0.12～0.2A 之间变化，与监控后台实时核对后，发现此间隔的三相负荷确实不平衡，与录波装置实测到的规律一致，因此可以判断是由于线路负荷原因造成录波装置频繁启动，需反馈定值整定人员予以调整定值。

2. 二次侧低压断路器损坏或熔断器熔断

测量母线 TV 端子箱或汇控柜或故障录波屏内低压断路器或熔断器上下端电压，当上端（源头）电压正常，而下端（负荷端）电压异常，则判断为二次侧低压断路器损坏或熔断器熔断，检查无回路短路后，对相应低压断路器进行试送，仍不成功则更换。同样对存在问题的熔断器进行更换。

3. 电压二次回路断线或接触不良

对于电压二次回路断线，首先在检查外观均无明显异常（如接线脱落）后，采用分段法进行逐个回路测量检查。

如某线路间隔电压异常，根据电压引入电缆路径，分段法检查电压及接线是否正常，录波装置内部该间隔接入电压端子→录波装置该间隔电压低压断路器下端→录波装置该间隔电压低压断路器上端→该间隔线路 TV 端子箱（录波电缆，包括 N600 接线）。

4. 电压二次回路短路

对于电压二次回路短路，首先在检查外观均无明显异常（如接线烧灼）后，查看相应路径上的各个电压低压断路器或熔断器是否存在脱扣或熔断情况，参考上述分段测量存在短路电压的回路，并进行处理，注意在测量回路存在短路情况下严禁试送低压断路器或熔断器。

5. 开入板故障

在测量进故障录波器的开入点电位均正常情况下，且通道整定正确，但对应通道开关量变位不正常，如果还有备用开入点，建议可优先采用替换方式，但要注意备用通道应重新定义与被替换通道一致的名称，且还应根据图档管理要求做好图更改和图实相符工作；其次也可以通过更换异常的开关量插件，并进行与该开关量的通道测试。

6. 系统中毒或有漏洞，出现死机

可先对装置进行冷启动，并监视启动过程系统进程提示，根据提示进行相应操作，也可导入系统盘，安全模式启动完成后，用事先刻好的杀毒盘或系统盘对系统进行全面杀毒或对漏洞打补丁，直至最终启动完成；如果还是死机，建议退出整套装置重装系统，同时对系统进行重新配置和输入定值（包括通信设置）。

7. 通信板件故障或数据网故障或交换机故障造成装置与主站通信中断

先检查装置通信配置是否正确，批复的 IP 是否正确无误；其次在录波装置处拼其上行 IP 通信是否正常，如果正常，说明上行的通道正常，则只需更换该套装置的网卡或调制解调器（Modem）之间的网线（数据线）；如果不正常，继续往加密认证→交换机端口→三级数据网方向拼，直至检查到链路在哪个环节断开，即找到问题所在了，更换或修复相关接口设备或专材得以解决缺陷。故障处理后，还应在线进行病毒库更新。

8. 内存满溢出造成无法继续录波或无法调取录波文件

检查各硬盘分区的可用空间和大小，剩余空间太小可删除文件，以保证空间足够；建议设置数据盘（一般为 F 盘）剩余多少空间时删除文件以及删除文件的数目和类型，即通过设置容量阈值方式使系统自动整理硬盘。

三、危险点分析及防范措施

故障录波装置故障危险点分析及防范措施见表 10-17。

表 10-17 危险点分析及防范措施

序号	危险点	防范措施
1	隔离 TA 二次回路不当造成 TA 二次侧开路	在运行的 TA 二次回路上工作，应制定详细的操作步骤，应用专用线先短接 TA 二次侧回路，确认无误后再断开与装置的连接片，试验过应做好防止误碰的措施

续表

序号	危险点	防范措施
2	万用表挡位使用不当造成交流电压二次回路短路	防范措施同表10-3
3	插件损坏	防范措施同表10-3
4	安全防护不当造成病毒蔓延主站影响信息安全	（1）处理装置缺陷时，应先断开该装置与三级数据网的交互； （2）消缺需要，对要外接计算机或U盘的工作应先经最新杀毒软件查杀却无病毒后方可插入装置； （3）定期对系统的病毒库进行在线升级，使其提高防毒的能力

第九节　综合自动化系统故障

综合自动化系统的常见故障有遥信量异常、遥测值错误、遥控执行失败、单个测控装置通信中断、批量测控装置通信中断、保护装置等智能设备通信中断、后台监控机软件故障、后台监控机硬件故障、远动机与调度主站通信中断等。

一、故障处理方法

综合自动化系统常见故障及其处理方法见表10-18。

表 10-18　　　　　常见故障的处理方法

常见故障	故障类型	故障处理方法
遥信量异常	遥信回路故障排查	（1）将遥信外部回路的接线在端子排处拆出，用万用表测量遥信外部回路接线的电压，测量为正电压的话，那么其对应的遥信状态为"1"，负电压则为"0"。如果测量得到的遥信状态与实际不符合。应检查遥信回路的二次接线、辅助触点、信号继电器等。 （2）如果测量得到的遥信状态与实际相符，那么应检查遥信内部回路，看端子排是否损坏，端子排处的接线是否存在虚接的情况
	测控装置插件故障排查	（1）如果是单个遥信状态错误，那么就可能是遥信板单个光隔损坏，更换遥信板或更换接线可以排除故障。 （2）如果该测控装置遥信状态全部错误，就可能是遥信板或电源板遥信量异常故障。现场先更换遥信板，若故障依旧存在，接着更换电源板

常见故障	故障类型	故障处理方法
遥信量异常	后台监控机、远动机设置或配置错误	在遥信回路、测控装置通信板电源不存在故障的前提下： （1）后台监控机或调度主站出现所有遥信量都不刷新，应检查装置通信是否正常。通信异常先解决通信中断的问题。 （2）后台监控机或调度主站出现单个遥信或少数几个遥信不刷新，应检查后台监控机或远动机是否存在不正确的人工置数。 （3）后台监控机或调度主站出现遥信分合状态跟实际值相反，应检查后台监控机或远动机数据库是否有不正确的取反设置。 （4）后台监控机或调度主站出现遥信错位，应修改后台监控机或远动机数据库配置
遥测值错误	遥测回路故障	（1）打开电压二次回路端子连接片或取下电压熔丝，用万用表测量，电流二次外部回路则直接用钳形电流表测量，同时严禁电流二次回路开路。如果测量得到的遥测二次值正确，那么电压电流的二次外部回路没有问题。 （2）如果外部回路没有问题则应该检查电压电流的二次内部回路，电压二次内部回路的走向一般是从端子排到低压断路器，然后再进装置。电流二次内部回路的走向一般是从端子排直接进装置，应检查端子排内外部接线是否正确，是否松动以及是否虚接，还应检查交流电压低压断路器是否正常
	测控装置插件故障	如果遥测回路没有问题，应检查或更换测控装置的插件。 （1）插件问题造成遥测值偏差不大时，可以调校遥测板精度。 （2）偏差很大时，则应更换遥测采样板或 CPU 板，现场一般先更换遥测采样板再更换 CPU 板，但是如果是有功功率、无功功率等由 CPU 插件计算的遥测量出现错误时，应考虑先更换 CPU 板，注意在更换遥测采样板时，应先断开电压的低压断路器，并牢固可靠的短接电流回路，注意更换 CPU 板时应先退出测控装置的遥控出口压板
	后台监控机、远动机设置或配置错误	在遥测回路、测控装置遥测采样板、CPU 板不存在故障的前提下： （1）后台监控机或调度主站上测控装置所有的遥测数值都不刷新，应检查该测控装置是否通信中断，如果通信中断，解决通信中断的故障。 （2）后台监控机或调度主站某个数值不刷新则应检查后台监控机或远动机是否存在人工置数，如果存在人工置数的话应解除人工置数。 （3）后台监控机或调度主站遥测数值错误，先用监视软件查看遥测量的码值，码值没有错的情况下，应检查后台监控机或远动机遥测系数是否设置正确
遥控执行失败	遥控二次回路故障	（1）应先检查遥控二次回路的内部回路，检查端子排处是否存在松动、虚接等情况。 （2）如果遥控二次回路的内部回路正常，可在测控装置遥控输出端子处检查电位。如果电位正常，可以用短接线短接分、合闸回路。如断路器拒动，应为保护操作箱或者断路器机构故障。如果电位不正常应检查控制电源是否正常，控制回路是否有中断

常见故障	故障类型	故障处理方法
遥控执行失败	测控装置插件故障	如果测控装置中的"操作报告"中显示已遥控出口，应为遥控出口板故障，此时需更换遥控出口板。如果更换出口板故障依旧存在，则更换装置的 CPU 板。注意更换 CPU 板时应先退出测控装置的遥控出口压板
	测控装置配置或设置不符合遥控要求	（1）检查"远方/就地"切换把手是否打在了就地位置。 （2）遥控出口压板是否投入。 （3）检同期模式是否满足现场要求。 （4）是否存在"线路 TV 失压"闭锁合闸的 PLC 逻辑等
	后台监控机、远动机设置或配置错误	在遥控回路、测控装置遥控板、CPU 板不存在故障且测控装置配置或设置符合遥控要求的前提下，出现后台监控机或调度主站遥控错误时： （1）应先检查测控装置通信状态，如果通信中断，解决通信中断的故障。 （2）如果只是后台监控机遥控错误，应检查测控装置的地址、装置类型等遥控配置是否正确，后台监控机是否设置了禁止遥控，遥控操作界面的遥控点关联是否正确。 （3）如果只是调度主站遥控失败，首先检查远动屏上是否有"禁止远方遥控"把手，如果有，检查把手是否打在禁止位置。接着检查远动机的系统配置以及遥控表配置
单个测控装置通信中断	双网通信下的测控装置出现单网通信中断	（1）检查测控装置的地址设置是否正确。 （2）检查后台监控机光字牌链接是否正确。 （3）检查远动机远传数据库配置是否正确。 （4）检查通信的网线是否异常，水晶头是否压接可靠。 （5）更换交换机上接入该设备的网口至另一备用网口。 （6）更换测控装置的通信板
	双网通信下的测控装置出现双网同时通信中断	（1）检查测控装置是否还在正常运行，如果测控装置处于掉电状态就看工作电源是否正常，工作电源正常的话应更换测控装置的电源板。 （2）检查测控装置的 IP 地址设置是否正确。 （3）检查后台监控机光字牌链接是否正确。 （4）检查远动机远传数据库配置是否正确。 （5）先更换测控装置的通信板，故障依旧没有消除，接着更换 CPU 板
批量测控装置通信中断	单个保护小室内的测控装置出现通信中断	（1）检查该保护小室内的交换机。 （2）检查光电转换器。 （3）检查全站主交换机上接入该保护小室测控装置通信的网口，如果网口异常则更换网口
	全站出现通信中断	（1）检查后台监控机或远动机网卡及通信线是否正常。 （2）检查全站主交换机是否正常运行

常见故障	故障类型	故障处理方法
保护装置等智能设备通信中断	单个保护装置等智能设备出现通信中断，且其他同接一个串口的设备通信正常时	(1) 应先重启保护管理机。 (2) 在征得调度同意下重启保护装置等智能设备或更换其通信板
	一个串口上所有保护装置等智能设备出现通信中断	(1) 检查通信线路是否正常。 (2) 重启保护管理机。 (3) 更换通信线路上的波士头。 (4) 更换该通信串口至保护管理机的其他备用串口，保护管理机需重启配置
	保护管理机上所有保护装置等智能设备出现通信中断	(1) 检查保护管理机是否正常运行，如果保护管理机处于掉电状态应先检查装置工作电源是否正常，工作电源正常的话应更换保护管理机的电源板。 (2) 接着检查保护管理机至交换机的通信线。 (3) 检查交换机上接入保护管理机的网口，如果网口异常则更换网口
后台监控机软件故障	主监视模块或功能模块故障	(1) 重启主监视模块或功能模块。 (2) 重启整台计算机
	后台监控机死机	重启后台监控机
	操作系统故障	(1) 重启后台监控机。 (2) 重新安装操作系统应注意的是新安装的操作系统应与另一台后台监控机一致
后台监控机硬件故障	后台监控机显示器黑屏	应先检查造成黑屏的原因是计算机主机损坏还是显示器损坏。如果是显示损坏的话更换显示器
	计算机主机故障	(1) 硬件故障造成计算机单一功能未能实现的，应更换该功能对应的硬件。如语音报警失效更换声卡、网络通信中断更换网卡。 (2) 硬件故障造成计算机不能正常启动时，根据计算机启动时显示提示或计算机主板声音提示更换可能造成故障的硬件
远动机与调度主站通道中断	远动机与调度主站网络通道中断	(1) 检查远动机至加密认证装置的网线及其水晶头制作工艺是否合格、接触是否良好。 (2) 检查远动机中网络通道的 IP 地址设置、子网掩码设置是否正确。 (3) 检查远动机的通信模块是否正常，装置运行灯是否闪烁正常，如有异常则更换相应板件

续表

常见故障	故障类型	故障处理方法
远动机与调度主站通道中断	远动机与调度主站模拟通道中断	（1）检查调制解调器上波特率、中心频率、频偏等对应的跳线设置是否正确。 （2）检查调制解调器上指示灯是否闪烁正常。 （3）检查远动机中模拟通道波特率的设置是否正确。 （4）可用通道自环的方法，检查主站下发报文是否能自环回主站端，以检查模拟通道的传输通道是否正常

二、危险点分析及防范措施

综合自动化系统故障危险点分析及防范措施见表 10-19。

表 10-19　　　　　　　危险点分析及防范措施

序号	危险点	防范措施
1	电流互感器二次侧开路、TV 二次侧短路或接地	现场严禁单人作业，严禁随意触碰二次回路接线，异常状况检查时应明确二次回路接线情况，小心触碰，并加强现场监护。更换遥测板是应防止电流互感器二次侧开路。短接电流回路时，应用短接线或短接片，短接应妥善可靠，严禁用导线缠绕
2	测控装置误遥控出口	现场更换遥控板、CPU 板或重启测控装置时，应将测控装置的遥控出口压板退出，并等待一段时间后方可投入出口压板
3	监控网络出现双网通信中断	现场严禁单人作业，并加强现场监护。严禁碰触运行正常的通信网络
4	后台监控机误遥控出口	现场严禁单人作业，并加强现场监护。有遥控出口的功能模块发生异常时，应先退出该功能模块。如若发生故障的后台监控机为主机，应将故障主机降为备机
5	远动机出现双机通信中断	如需重启远动机，应先确认另外一台远动机正常运行

第十节　　GPS 装置故障

GPS 装置的常见故障有对时开出异常、装置异常、对时开入不准等。GPS 装置发生故障时，会造成全站或部分二次设备统一时钟丢失，影响保护及故障录波，自动化系统和电能量采集装置等数据的正确采集。

一、故障处理方法

GPS 装置常见故障及其处理方法见表 10-20。

表 10 - 20　　　　　　　　　常见故障的处理方法

常见故障	故障现象	处理方法
对时输出异常	（1）被对时装置时钟失步，与 GPS 装置时钟误差大于 $2\mu s$。 （2）GPS 装置输出板烧坏。 （3）GPS 装置输出板驱动能力不够，被对时装置没有收到时钟信号。 （4）GPS 装置与被对时设备连接电缆断路，接收不到信号。 （5）被对时设备输入板烧坏	（1）关闭 GPS 装置电源，检查 GPS 装置连接线是否正确，恢复正确连接线。 （2）GPS 装置上电，检查 GPS 装置输出的类型与被对时设备接收的类型是否相同。如果不对，查看装置的说明书，通过跳线及拨码开关实现调整。 （3）检查 GPS 装置的驱动能力、输出电流，检查被对时设备的输入电阻，连接以后测量电压。注意一方有源时，一方一定是无源，不可以双方都有源或双方都无源。 （4）当使用 RS - 232 接口时，必须使用屏蔽电缆。如果传输长度超过 15m，建议使用 RS - 485 或 B 码对时。 （5）GPS 装置与被对时设备采用串口通信时，检查串口接线的正确性。RCS - 232 串口输出在 $\pm 12V$ 之间变化，RS - 485 串口输出电压在 $-4\sim 4V$ 之间变化。 （6）有源脉冲输出时，220V 有源输出电压约 220V，24V 有源输出电压约 20V
装置异常	（1）GPS 装置无法上电，电源指示灯不亮。 （2）GPS 装置故障灯亮。 （3）在电源输入正确的情况下，若通电后液晶屏无任何显示，可能是电源故障；若通电后液晶屏显示逐渐消失，可能是主板故障；若各输出接口信号均正确，液晶屏无显示最显示不正常，可能是液晶屏松动；若输出接口信号均正确，1PPS 指示灯不闪，可能是指示灯漏焊或灯故障	电源指示灯不亮或液晶屏无显示： （1）用万用表检查输入电源的电压。如电压异常，检查供电回路。 （2）如果电压正常，则检查与 PW1 或 PW2 相对应的熔丝是否正常。如熔丝熔断，更换同规格熔丝即可。 （3）如果电源电压与熔丝都正常，则可能是设备内部电源模块故障，将该路输入电源线拔掉，并立即致电设备供应商 液晶屏显示不显示或显示不正确： （1）将出现故障的设备电源关闭。 （2）将设备后部信号输出端子接线做好标记并全部拔掉，光纤口的光纤也要拔掉。信号断开后，所有的扩展时钟会因为缺少一路输入信号而出现告警，但扩展时钟会自动切换并跟踪另一路主时钟信号。 （3）将设备电源关闭，等 1min 左右再打开设备，观察设备显示是否正常。 （4）如设备显示已恢复正常，请等待设备进入授时状态，需要 $30\sim 40min$。 （5）设备开始授时后，再将设备信号输出端子全部接好 GPS 装置故障灯亮或液晶屏启动后逐渐熄灭，此时应更换主板

常见故障	故障现象	处理方法
对时开入不准	（1）开启 GPS 装置电源后，液晶屏显示主板正常，而接收机处于待机状态。 （2）不同的 GPS 时钟装置，天线放置在同一位置时，某些 GPS 时钟有信号输出，而某些 GPS 时钟无输出。这是因为有的 GPS 时钟只有在同时接收到三颗以上的授时卫星信号时，设备才启动授时。 （3）当 GPS 装置面板液晶屏显示告警状态，授时精度达不到要求。此时应检查天线，只有显示为卫星星数时，精度才达到要求	（1）GPS 天线为高频有源放大天线，其接受频率 1.575 42GHz，一般的低频仪器是检测不出其性能的。用万用表的二极管挡位测量时，各连接接头一定要接触良好，否则衰耗过大将无法接收到卫星信号，授时设备无法启动。对于 50M 以上带放大器的天线，放大器的 IN 端与蘑菇头线缆应可靠连接，放大器值在 0.7～1.2 时，只能定性说明天线正常。 （2）天线问题来自于架设和连接上，应保证高频传输的 OUT 端与主机相连的线缆可靠连接。 （3）由于卫星的临空状态影响天线的接收，所以天线的架设应尽可能对天空开阔，具体方式以天线蘑菇头为中心视界最小在 120°范围内

二、危险点分析及防范措施

GPS 装置故障危险点分析及防范措施见表 10-21。

表 10-21　　　　　　　　　危险点分析及防范措施

序号	危险点	防范措施
1	插件损坏	防范措施同表 10-3
2	人身触电	（1）检查电源设备、电源回路时必须有监护人在场，不得单人工作。 （2）工作中应加强监护，与带电设备保持足够的安全距离
3	小动物干扰	进出保护室，必须随手将门锁好

第十一节　　加热器、温湿度控制器故障

为了保证电气二次设备的运行环境，在风电场变电站二次设备的端子箱、机构箱内部，通常装有加热器、温湿度控制器等设备，此类设备的故障虽不直

接影响设备的正常运行，但温湿度超过设备的运行环境要求，会导致设备故障。加热器、温湿度控制器的常见故障有温湿度控制器故障、加热板故障、电源低压断路器损坏、加热电源回路故障。

一、故障处理方法

1. 温湿度控制器故障

打开机构箱柜门用人工启动的方法检查温湿度控制器是否真的无法启动，若无法正常启动检查温湿度控制器工作电源是否正常，若电源正常，应进一步检查测量输出端电压是否正常，若工作不正常，则需检查原因，如是否因回路接触不良导致，如果不正常则更换新的温控器。更换时应先断开温湿度控制器工作电源，将原来的拆下，并将拆下的线端进行绝缘包扎，同时做好标注，工作完成，温度控制器应调整到23℃。

2. 加热板故障

打开机构箱柜门用手背靠近加热板测试是否会加热，若无法加热应检查加热板的工作电源是否正常，若不正常，则需检查工作电源故障原因，若正常应测量加热板的电阻值是否正常，如果不正常则更换新的加热板；更换时应先断开加热板及温湿度控制器工作电源，将原来的拆下并将拆下的线端进行绝缘包扎同时做好标注，更换故障的加热板，并按原来接线安装新的加热板。注意测试加热板是否加热时应避免直接接触加热板，以免烫伤。

3. 电源低压断路器损坏

打开机构箱柜门检查加热板、温湿度控制器工作电源低压断路器上端电压正常，下端电压不正常则判断为低压断路器损坏导致，更换同型号或容量相同的交流低压断路器，更换过程中要注意不得造成短路或直流接地，更换时进线端带电，解线要逐条解除并做好绝缘包扎同时做好标注，工作人员应戴绝缘手套，防止低压触电。

4. 加热电源回路故障

打开机构箱柜门检查加热板、温湿度控制器本体及工作电源低压断路器两端均正常但加热器不加热，则判断为低压断路器以下回路存在接触不良、接线松脱等问题，根据图纸由低压断路器下端开始进行检查，检查过程中要注意不得造成短路或直流失地，工作人员应戴绝缘手套，防止低压触电。

二、危险点分析及防范措施

加热器、温湿度控制器故障危险点及防范措施见表10-22。

表 10 - 22　　　　　　　　　　　危险点及防范措施

序号	危险点	防范措施
1	工器具没有进行绝缘包扎，工作过程中误碰带电部位造成人员触电或设备跳闸	端子箱、机构箱内的设备正常均在运行中，特别是端子排均带电，在进行检查、更换等低压作业时应使用经过绝缘包扎的工器具，开工前应做好现场安全交底，对于没有必要涉及的端子排侧箱门严禁开启。工作负责人要现场加强监护，为防止误碰造成人员触电、开关跳闸等事件发生，应对相邻易触及的部位采用红色胶布封住，防止误碰运行中设备
2	更换过程中拆线后没有及时包扎造成短路故障	缺陷处理时至少有两个人，且在处理中需加强监护，对于处理过程中临时拆线检查，拆除接线应用绝缘胶布逐条进行包扎并进行标注，防止误碰其他带电部分造成异常。恢复时必须认真核对，并经第二人确认，按图原样恢复
3	测试加热板是否加热时人员直接接触加热板灼伤	测试加热板是否加热时应避免直接接触加热板，可以用手背靠近加热板附近测试是否有加热，条件允许时也可以用测温仪进行辅助判断
4	人员对回路不清楚，工作过程中误碰其他回路接线及端子造成故障	开工前准备好竣工图，工作负责人组织人员先进行查阅，现场根据图一一对应检查，对于经过改造且同部接线凌乱复杂的，如果不确定时应停止作业，请求专业人员现场协助处理

第十一章

二次系统常用仪器仪表

工欲善其事，必先利其器。作为一名合格的风电场变电站二次系统运行维护人员，必须熟练掌握常用仪器仪表的使用方法和要求。本章主要介绍变电站二次系统运行维护过程中常用的继电保护测试仪、万用表、钳形相位表、绝缘电阻表的使用方法和注意事项，为开展日常检修及故障处理工作打好基础。

第一节　继电保护测试仪

一、主要用途

继电保护测试仪的主要用途如下：

（1）各类微机保护装置的定值和逻辑校验，如电流、电压、反时限、功率方向、阻抗、差动、低周、同期、频率、直流、中间、时间等。

（2）整组传动试验，模拟单相至三相的瞬时性、永久性、转换型故障进行整组试验。

（3）提供保护装置的直流电源。

（4）电流互感器二次负载的测量。

二、面板说明

PW&PWA 继电保护测试仪面板如图 11-1 所示，参数说明见表 11-1。

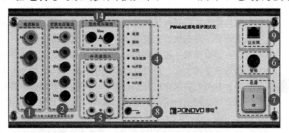

图 11-1　PW&PWA 继电保护测试仪面板（一）

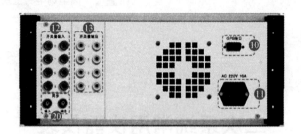

图 11-1　PW&PWA 继电保护测试仪面板（二）

表 11-1　　　　　　　　PW&PWA 继电保护测试仪面板说明

编号	名称	编号	名称
1	Ia、Ib、Ic、In 接线端子	5	暂停按钮
2	Ua、Ub、Uc、Uz、Un 接线端子	6	电源开关按钮
3	电源信号灯	7	装置接地端子
	联机信号灯	8	数据电缆插口
	主机过热指示灯	9	GPS 接口
	电压输出短路指示灯	10	电源插口
	Ia 开路或失真指示灯	11	开入量 E、F、G、H 端子
	Ib 开路或失真指示灯	12	开出量 1、2、3、4 端子
	Ic 开路或失真指示灯	13	直流电压输出接线端子
4	开入量 A、B、C、D 端子		

三、测试仪软件功能介绍

　　PW（A.E）系列测试仪软件 2.34 版共包含表 11-2 所示 18 个测试模块（Modules）。

表 11-2　　　　　　　　PW（A.E）系列测试仪软件功能介绍

模块	图标	功能介绍
手动测试		（1）作为电压和电流源能完成各种手动测试，测试仪输出四路交流或直流电压和三路交流或直流电流，具有输出保持功能。 （2）能以任意一相或多相电压电流的幅值、相位和频率为变量，在试验中随意改变其大小。也可以以阻抗值和阻抗角为变量改变输出值的大小。 （3）各相的频率可以分别设置，同时输出不同频率的电压和电流。 （4）可以根据给定的阻抗值，选择"短路计算"方式，确定电流、电压的输出值。 （5）选择接收 GPS 同步信号，实现多套测试仪的同步输出

模块	图标	功能介绍
手动测试 （6×I 扩展）		（1）仅适用于 PW（A、E）型六路电流输出的测试仪。 （2）测试仪输出一路交流、一路直流电压和六路交流电流。具有输出保持功能。 （3）该测试模块主要用于差动保护的测试，可以实现两侧三相的同时差动测试。 （4）各相的频率可以分别设置，同时输出不同频率的电压和电流。 （5）选择接收 GPS 同步信号，实现多套测试仪的同步输出。 （6）能以任意一相或多相电压电流的幅值、相位和频率为变量，在试验中随意改变其大小
递变		（1）电压、电流的幅值、相位和频率按用户设置的步长和变化时间递增或递减。测试保护的动作值、返回值、返回系数和动作时间。 （2）根据继电保护装置的测试规范和标准，集成了六大类保护的测试模板。 （3）所有测试项目用测试计划表方式被添加到列表中，一次可完成多个试验项目的测试。 （4）通过重复次数的设置可对同一项目进行多次试验。 （5）试验结束后，根据精度要求对试验结果进行自动评估
状态序列		（1）该模块可以输出四路交流电压和三路交流或直流电流。 （2）由用户定义多个试验状态，对保护装置的动作时间、返回时间以及重合闸，特别是多次重合闸进行测试。 （3）各状态可以分别设置电压、电流的幅值、相位和频率、直流值。并且在同一状态中可以设定电压的变化（dV/dt）及范围和频率变化（df/dt）及范围。 （4）提供自动短路计算，可自动计算出各种故障情况下的短路电压、电流的幅值和相位。 （5）触发条件有多种，可以根据试验要求分别设置。 （6）有四路开入量输入触点（A、B、C、D）和四路开出量触点（1、2、3、4）
状态序列 （6×V 扩展）		（1）仅适用于 PW（A、E）型六路电压输出的测试仪。该模块可以输出六路交流电压、一路交流电流和一路直流电压输出。 （2）可对备用电源的快速切换装置及低频低压减载装置进行测试。 （3）各状态可以分别设置电压、电流的幅值、相位和频率、直流值。并且在同一状态中可以设定电压的变化（dV/dt）及范围和频率变化（df/dt）及范围。 （4）触发条件有多种，可以根据试验要求分别设置。 （5）有四路开入量输入触点（A、B、C、D）和四路开出量触点（1、2、3、4）

续表

模块	图标	功能介绍
状态序列 （6×*I*扩展）		(1) 仅适用于 PW（A.E）型六路电流输出的测试仪。该模块可以输出六路交流电流、一路交流电压和一路直流电压输出。 (2) 六路交流电流输出，可以实现差动保护两侧三相差动的同时测试。 (3) 各状态可以分别设置电压、电流的幅值、相位和频率、直流值。 (4) 触发条件有多种，可以根据试验要求分别设置。 (5) 有四路开入量输入触点（A、B、C、D）和四路开出量触点（1、2、3、4）
时间特性		(1) 绘制 i、u、f 及 V/f 的动作时间特性曲线。 (2) 可以应用在方向过电流或过电流继电器的单相接地短路、两相短路和三相短路时过电流保护以及零序和负序分量的动作时间特性，应用在发电机、电动机保护单元中的零序和负序过电流保护的动作时间特性。当保护不带方向时，在电压输出端子上无电压输出；当保护选择带方向时，输出根据故障类型确定的故障电压。 (3) 可以应用在发电机保护中的低频保护以及过励磁保护的频率和 V/f 动作时间特性
线路保护 定值校验		(1) 根据保护整定值，通过设置整定值的倍数向测试列表中添加多个测试项目（测试点），从而对线路保护（包括距离、零序、高频、负序、自动重合闸、阻抗/时间动作特性、阻抗动作边界、电流保护）进行定值校验。 (2) 线路保护装置的阻抗特性可从软件预定义的特性曲线库中直接选取调用，也可由用户通过专用的特性编辑器自行定义
距离保护 （扩展）		(1) 通过设置阻抗扫描范围自动搜索阻抗保护的阻抗动作边界，绘制 $Z=f（I）$ 以及 $Z=f（V）$ 特性曲线。 (2) 可扫描各种形状的阻抗特性。包括多边形、圆形、弧形及直线等动作边界。 (3) 可设置序列扫描线也可添加特定的单条扫描线。通过添加特定阻抗角下的扫描线，找出某一具体角度下的阻抗动作边界
整组试验		(1) 对高频、距离、零序保护装置以及重合闸进行整组试验或定值校验。 (2) 可控制故障时的合闸角，可在故障瞬间叠加按时间常数衰减的直流分量，用于测试量度继电器的暂态超越。 (3) 可设置线路抽取电压的幅值、相位，校验线路保护重合闸的检同期或检无压。 (4) 可模拟高频收发信机与保护的配合（通过故障时刻或跳闸时刻开出触点控制），完成无收发信机时的高频保护测试。 (5) 通过 GPS 统一时刻，进行线路两端保护联调。 (6) 有多种故障触发方式。 (7) 可向测试计划列表中添加多个测试项目，一次完成所有测试项

模块	图标	功能介绍
差动保护		（1）用于自动测试变压器、发电机和电动机差动保护的比例制动特性、谐波制动特性、动作时间特性、间断角闭锁以及直流助磁特性。 （2）提供多种比例和谐波制动方式。既可对微机差动保护也可对常规差动保护进行测试。 （3）电流互感器二次电流校正方式可以是内转角（内部校正）或外转角。 （4）提供多种制动电流计算公式。 （5）可预先绘制（定制）比例制动和谐波制动特性曲线
差动保护 （扩展）		（1）仅适用于 PW（A. E）型六路电流输出的测试仪。同时输出六路交流电流，可同时在变压器或发电机差动的两侧加入三相电流、分相和三相进行测试，测试过程中不必改变接线。 （2）用于自动测试变压器、发电机和电动机差动保护的比例制动特性、谐波制动特性。 （3）提供了多种比例和谐波制动方式。可提供多种制动电流计算公式。预先绘制（定制）比例制动和谐波制动特性曲线。 （4）提供静态输出按钮，对某一点的差动电流输出，可以在保护装置上观察差动电流的值
复式比率差动		（1）用于自动测试复式比率差动母线保护的大差高值和低值、小差的动作特性。 （2）提供了针对大差、小差的不同自动测试方法。 （3）提供复式比率差动保护的动作方程。 （4）可预先绘制标准的比率制动特性曲线
同期装置		测试同期装置的电压闭锁值、频率闭锁值、导前角及导前时间、电气零点、调压脉宽、调频脉宽以及自动准同期装置的自动调整试验
故障回放		将以 COMTRADE（common format for transient data exchange）格式记录的数据文件用测试仪播放，实现故障重演
故障回放 （$6 \times I$）		（1）仅适用于 PW（A、E）型六路电流输出的测试仪。可同时输出 6 路交流电流 1 路交流电压。 （2）将以 COMTRADE 格式记录的数据文件用测试仪播放，实现故障重演
谐波		所有四路电压、三路电流可输出基波、谐波（2～20 次）。需要在一个通道上叠加多次谐波时，可直接设置谐波含量的幅值和相位，设置完毕后可以直接试验输出多次谐波的叠加量
振荡		（1）用来模拟系统动态振荡过程，用于自动测试发电机的失磁保护、振荡解列装置在系统振荡过程中的动作情况。可以根据系统阻抗、系统电压自动判别出系统振荡中心及最大振荡电压、电流。直观显示每一次振荡的波形。 （2）可以模拟系统在振荡过程中发生故障的试验

四、常用模块试验

1. 手动试验

手动试验单元可完成各种手动测试，测试仪输出交、直流电压和电流。下面分别通过电压继电器、电流继电器校验进行举例。

试验举例一：电压继电器校验

继电器型号：DJ‐132A 型电压继电器。

测试项目：动作值、返回值。整定值：动作值 80V、返回值 90V。

（1）试验接线。Va 接电压线圈的②、④端，Zn 接⑥、⑧端（并联方式）；触点①、③接开入量 A。

（2）参数设置。设 Ua 输出初始值为 100V，大于继电器的整定值。Vb、Vc、Vz、Ia、Ib、Ic 的取值均与此次试验无关，建议取为 0，如图 11‐2 所示。

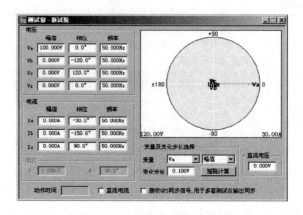

图 11‐2 试验一参数设置

（3）试验过程。

➤ 按▶进行试验，测试仪 Va 输出 100V 电压。

➤ 按◢逐步按所设变化步长减小 Va，每步保持时间应大于继电器出口时间，直到继电器动作，记录其动作值。

➤ 按◣逐步按所设变化步长增大 Va，每步保持时间应大于继电器动作返回时间，直到继电器返回，记录其返回值。

➤ 按■结束试验。

试验举例二：电流继电器校验

继电器型号：LL‐7/2 型电流继电器。

测试项目：动作时间。整定值：动作值 2.299A、返回值 2.000A、动作时间 0.030s。

（1）试验接线。Ia 接电流线圈的①端，Iz 接③端；触点⑥、⑧接开入量 A。

（2）参数设置。设 Ia 输出初始值为 0A，小于继电器的动作值。如图 11‐3 所示。

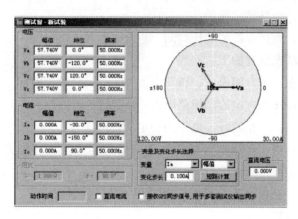

图 11‐3　试验二参数设置

（3）试验过程。

➤ 点击▶图标开始测试。

➤ 按下工具栏上保持按钮，直接在测试窗中将 Ia 值改变为 4A，大于继电器的动作值使继电器可靠动作（如图 11‐4 所示）。

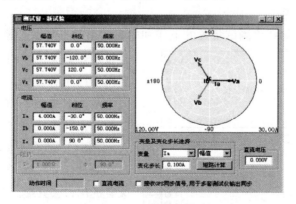

图 11‐4　试验二结果

➤ 弹起按钮，将修改后的值输出到继电器并同时开始计时，当触点闭合时停止计时，并显示出动作时间。

➢ 按▊结束试验。

2. 状态序列

由用户定义多个试验状态，对保护装置的动作时间、返回时间以及重合闸，特别是多次重合闸进行测试。

试验举例：线路微机保护。

试验项目：测试保护的动作时间、重合时间和永跳时间。

（1）试验状态设置如下：

故障前状态：正常相电压，负荷电流为零，持续输出时间 15s。

故障状态：A 相过电流，短路电流 5A 直到三相跳开。

跳闸后状态：三相跳开，电压为额定值，电流为零，直到重合闸动作。

重合状态：由于是永久性故障，重合后故障未消失。仍为 A 相过电流、短路电流 5A 直到三相跳开。

永跳状态：三相跳开，ABC 三相电压为故障前额定电压、电流为零。

（2）试验步骤：

➢ 添加状态序列

➢ 设置各状态电压电流的幅值、相位和频率

➢ 设置各状态的触发条件

➢ 开始试验

➢ 设置试验报告格式并保存、打印试验报告

（3）试验接线：

➢ 用测试导线将测试装置的电压和电流输出端子与保护相对应的端子相连接，如果保护采用自产 3Vo 或重合闸不检同期或无压可不接 Vz。

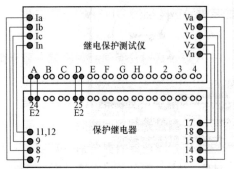

图 11-5　线路微机保护测试保护的动作时间、重合时间和永跳时间试验接线

➢ 保护装置的跳 A、跳 B 和跳 C 触点分别连接到测试仪开入端子 A、B 和 C。重合闸动作触点必须连接到测试仪开入端子 D，E2 为保护装置的出口公共端。

试验接线如图 11-5 所示。

（4）进入状态系列测试模块：

➢ 设置状态 1 为故障前状态

第一步：在工具栏上单击■按钮进入"状态参数"属性页如图 11 - 6 所示，设置幅值均为 57.74V 的三相对称电压，三相电流均为零，频率均为 50Hz。状态名称为"故障前状态"。

第二步：进入"触发条件"属性页如图 11 - 7 所示，设置状态触发条件如下：最大状态输出时间设置为 15s，大于重合闸充电时间或整组复归时间。触发后延时设为 0s。

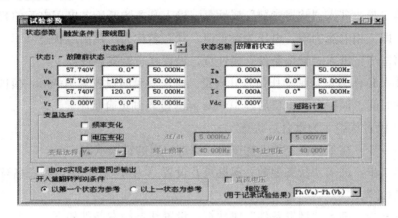

图 11 - 6　"状态参数"属性页

图 11 - 7　"触发条件"属性页

➤ 设置状态 2 为故障状态

第一步：在工具栏上单击■按钮，添加一新的试验状态。

第二步：进入"状态参数"属性页，设置 A 相电流：5A，状态名称为"故障状态"。

第三步：进入"触发条件"属性页，设置状态触发条件如下：开入A、B和C作为保护动作信号开入量，触发逻辑为"逻辑或"。最大状态持续时间为0.5s。触发后延时设置为35ms，模拟断路器跳闸时间。保护跳闸出口经35ms延时进入跳闸后状态。

➤ 设置状态3为跳闸后状态

第一步：在工具栏上单击▶️按钮，再添加一新的试验状态。

第二步：进入"状态参数"属性页，输入开关跳开后各电压电流的幅值和相位。即三相电流为零，电压为额定值。状态名称为"跳闸后状态"。

第三步：进入"触发条件"属性页，设置状态触发条件如下：

开入D作为重合闸动作信号开入量。触发后延时设置为100ms，模拟断路器合闸时间。保护合闸出口后经100ms延时进入到重合状态。

➤ 设置状态4为重合后状态

第一步：在工具栏上单击▶️按钮，添加一新的试验状态。

第二步：进入"状态参数"属性页，设置A相电流为5A，状态名称设为"重合后态"。

第三步：进入"触发条件"属性页，设置状态触发条件如下：

开入A、B和C作为保护动作信号开入量，触发逻辑为"逻辑或"。最大状态持续时间为0.5s。触发后延时设置为35ms，模拟断路器跳闸时间。保护永跳出口后经35ms延时进入永跳状态。

➤ 设置状态5为永跳状态

第一步：在工具栏上单击▶️按钮，添加一新的试验状态。

第二步：进入"状态参数"属性页，输入开关跳开后各电压电流的幅值和相位。即ABC相电流为零，电压为57.7V额定电压。状态名称设为"永跳状态"。

第三步：由于是最后一个试验状态，选择最大状态时间作为其触发条件。最大状态持续时间设为1s。

➤ 保存试验参数

在"文件"中选择"试验参数另存为"按钮或在工具栏中单击🖫按钮或在"试验项目"属性页中点击保存试验参数，出现图11-8对话框，在对话框中输入路径及文件名，单击按钮保存试验参数，以便下次试验时直接引用。

注意：在设置试验参数和触发条件时，状态页应与属性页上侧的微调控件中显示的数值相一致。必要时，通过微调按钮➡进入到所要的试验状态。

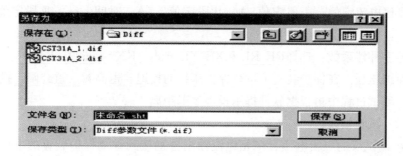

图 11-8　"另存为"对话框

（5）试验开始。点击█图标打开试验结果列表试图窗口查看保护动作时间，每一状态下，开入量翻转时间记录在列表中，如图 11-9 所示。

	名称	触发条件	A翻转时间	B翻转时间	C翻转时间	D翻转时间	E翻转时间	F翻转
✔	故障前状态	持续时间=15.000s						
✔	故障状态	等待开入命令	0.025s					
✔	跳闸后状态	开入				0.548s		
✔	重合状态	开入	0.066s	0.066s	0.065s			
✔	永跳后状态	状态持续时间=1.0s						

图 11-9　开入量翻转时间记录列表视图

（6）试验报告。点击█图标，打开试验报告。

3. 线路保护定值校验

该测试单元可完成单个或多个测试点的测试。对线路保护的定值校验（包括距离、零序、高频、负序、自动重合闸、阻抗时间动作特性及阻抗动作边界）可进行多点测试。线路保护装置的阻抗特性可从软件预定义的特性曲线库中直接选取调用，也可由用户通过专用的特性编辑器进行定义，其方法简便实用。通过软件提供的历史状态视图，更直观地监视测试仪输出到被测对象上的电流、电压量及被测对象开出、开入量变化情况，便于对保护的动作过程进行分析。

试验举例：线路保护定值校验。

保护型号：CSL101B线路微机保护（北京四方公司）。

测试项目：接地距离、相间距离、零序保护的定值校验及动作时间测试。

（1）保护定值：

接地距离：Ⅰ段定值2Ω，Ⅱ段定值4Ω，时间0.5s，Ⅲ段定值6Ω，时间1s。

相间距离：Ⅰ段定值2Ω，Ⅱ段定值4Ω，时间0.5s，Ⅲ段定值6Ω，时间1s。

零序电流定值：Ⅰ段定值3A，Ⅱ段定值2.5A，时间0.5s，Ⅲ段定值2A，时间1s，Ⅳ段定值1A，时间1.5s。

零序补偿系数：选择RE/RL和XE/XL方式。KX＝0.699，KR＝0。

保护压板：在保护装置上进行保护压板的投退。退高频、重合闸，投距离保护。测试过程中再根据软件提示投零序退距离。

（2）试验接线：

➢ 测试仪的三相电压、三相电流输出分别接到被测保护装置的电压、电流输入端子。

➢ 测试仪的开入量 A、B、C 的一端接到被测保护装置的跳闸出口触点CKJA、CKJB、CKJC 上，另一端短接并接到保护跳闸的正电源。

试验接线如图 11 - 10 所示。

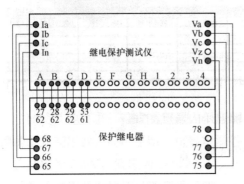

图 11 - 10　线路保护定值校验接线图

（3）添加测试项目：

将阻抗定值和零序电流定值校验点添加到测试项目列表：

1）在"测试项目"的属性页中选择"阻抗定值校验"。

2）单击"添加"按钮，弹出阻抗定值校验对话框。

3）选择故障类型为 A 相接地。

4）校验的定值为电抗值所以阻抗角为 90°。

5）输入各段整定阻抗。

6）设置校验点的整定倍数。

0.95 倍定值保护可靠动作（即本段动作）；

1.05 倍定值保护可靠不动作（即本段不动作，下一段动作）；

0.70 倍定值测试保护动作时间（即本段动作的动作时间）。

7）单击"确认"按钮，将测试点添加到测试项目列表中（如图 11 - 11 所示）。

8）在测试项目的属性页中选择"零序电流定值校验"。

9）单击"添加"按钮弹出零序电流定值校验对话框。

10）设置校验点的零序电流整定值以及整定倍数：

0.95 倍定值保护可靠不动作（即本段不动作，下一段动作）；

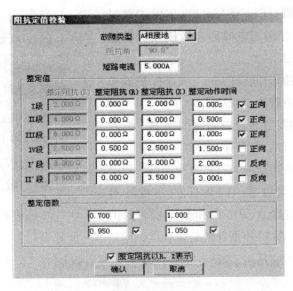

图 11-11　阻抗定值校验参数设置界面

1.05 倍定值保护可靠动作（即本段动作）；

1.20 倍定值测试保护动作时间（即本段动作的动作时间）。

11）单击"添加"按钮，将所有测试项目一次添加到测试项目列表中，如图 11-12 所示。这时测试项目列表中既有阻抗定值校验项，也有零序电流定值校验项。

	No	测试项目	故障类型	短路阻抗	阻抗角	倍数
✔	8	阻抗定值	AB短路	2.100Ω	90.0°	1.050
✔	9	阻抗定值	AB短路	3.800Ω	90.0°	0.950
✔	10	阻抗定值	AB短路	4.200Ω	90.0°	1.050
✔	11	阻抗定值	AB短路	5.700Ω	90.0°	0.950
✔	12	阻抗定值	AB短路	6.300Ω	90.0°	1.050
✔	13	零序定值	A相接地	1.000Ω	90.0°	0.950
✔	14	零序定值	A相接地	1.000Ω	90.0°	1.050
✔	15	零序定值	A相接地	1.000Ω	90.0°	0.950

图 11-12　测试项目显示界面

12）可一次完成所有测试项目的测试，也可选择其中某一项目进行测试（如只做阻抗或只做零序电流定值校验），可以通过图 11-13 对话框来选择。

（4）试验参数设置：

161

1）故障前时间设为 18s（大于保护整组复归时间或重合闸充电时间。微机保护一般要取 20s 左右）。

2）最大故障时间设为 5s（大于保护最长动作时间，一般取 3s 左右）。

3）故障触发方式设置为时间控制，按照设置的时间自动完成所有故障模拟试验如图 11‑14 所示。

（5）开关量设置。因为保护分相跳闸（综重方式），设置 A、B、C 和 D 分别为保护的跳 A、跳 B、跳 C 和重合闸动作触点。

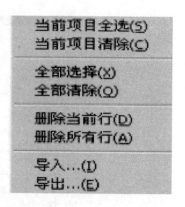

图 11‑13　测试项目选择对话框

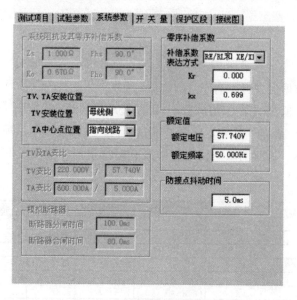

图 11‑14　系统参数设置界面

（6）系统参数设置。零序补偿系数是由定值单或保护装置说明书中给出的；TV、电流互感器安装位置要根据现场的实际位置进行设置，如图 11‑15 所示。

（7）保存试验参数。在"文件"中选择"试验参数另存为"按钮或在工具栏中单击■按钮或在"试验项目"属性页中点击 保存试验参数 ，出现图 11‑16 对话框，在对话框中输入路径及文件名，单击按钮保存试验参数，以便下次试验时直接引用。

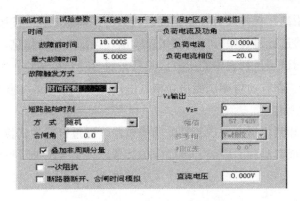

图 11-15　试验参数设置界面

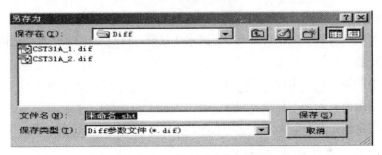

图 11-16　保存试验参数界面

（8）开始试验：

1）单击▶按钮开始试验。

测试仪按测试项目表的顺序模拟所设置的各种故障，并记录保护跳、合闸时间。

2）当距离保护定值校验完成后，测试仪关闭电压、电流输出，计算机自动弹出提示对话框提示投、退保护压板，如图 11-17 所示。

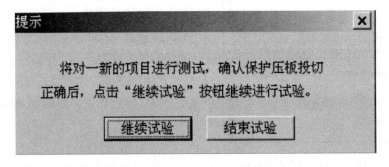

图 11-17　提示界面

3）退出距离压板并投入零序压板后，单击"继续试验"按钮继续试验。

4）在试验进行过程中可监视测试仪输出及保护动作的信息。

5）完成测试项目列表中的所有试验项目后自动结束试验。

（9）设置、保存、打印试验报告格式。

4. 整组试验

整组试验相当于继电保护装置的静模试验，通过设置各试验参数，模拟各类故障，以完成对高频、距离、零序保护装置以及重合闸进行整组试验或定值校验。

试验举例：

保护装置：CSL101B。

测试项目：模拟 A 相接地瞬时故障、B 相接地永久故障、B 相接地永久反向故障、AB 相短路瞬时故障、BC 相短路永久故障、BC 相短路永久反向故障。

整定值：

接地距离：$Z_1=2\Omega$，$Z_2=4\Omega$，$T_2=0.5s$，$Z_3=6\Omega$，$T_3=1s$。

相间距离：$Z_1=2\Omega$，$Z_2=4\Omega$，$T_2=0.5s$，$Z_3=6\Omega$，$T_3=1s$。

零序定值：$I_1=3A$，$I_2=2.5A$，$T_2=0.5s$，$I_3=2A$，$T_3=1s$，$I_4=1A$，$T_4=1.5s$。

零序补偿系数：$Kx=0.699$，$Kr=0$。

保护压板：投高频、距离、零序以及重合闸（综重）压板。

（1）试验接线。

1）测试仪的三相电压、三相电流输出分别接到被测保护装置的电压、电流输入端子。

2）测试仪的开入量 A、B、C 的一端接到被测保护装置的跳闸出口触点

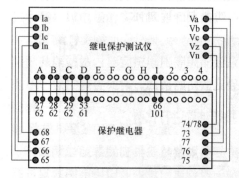

图 11-18　整组试验接线

CKJA、CKJB、CKJC 上，另一端短接并接到保护跳闸的正电源。保护的合闸出口触点 ZHJ1 及合闸正电源接测试仪的开入量 D。

整组试验接线如图 11-18 所示。

（2）参数设置。模拟 A 相接地瞬时故障

1）添加测试项：

a. 选择故障类型为 A 相接地；

b. 设置短路电流为 5A；

c. 设置二次侧短路阻抗为 1Ω；

d. 选择故障性质为瞬时故障；

e. 设置完故障后单击"添加"按钮添加到测试列表，如图 11-19 所示。

按以上步骤，将 B 相接地永久故障、B 相接地永久反向故障、AB 相短路瞬时故障、BC 相短路永久故障、BC 相短路永久反向故障添加到测试项目列表中。"故障性质"不选择即为瞬时性故障；"二次侧短路阻抗"的值决定。

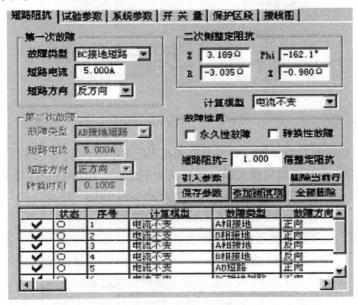

图 11-19　故障设置界面

2）试验参数设置。

故障前时间：25s（大于保护整组复归及重合闸充电时间、微机保护一般要取 20s 左右）。

最大故障时间：3s。

故障触发方式：时间控制。

Vz 输出：如果需要测试重合闸的检同期或检无压，可将测试仪 Vz 输出接到保护的线路抽取电压 Vx，并设置相应试验参数使它满足或不满足合闸检同期或检无压的条件。

3）开关量设置。重合闸设置为综重方式（分相跳闸），开入按图 11-20 设置；如果是三跳方式，保护跳闸出口触点连接到 A、B、C（设为"三相跳闸方式"）任何一个开入量端；重合闸接开入量 D。

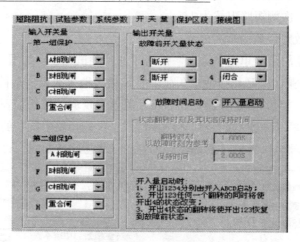

图 11-20　开关量设置界面

4）系统参数设置。零序补偿系数选择 RE/RL 和 XE/XL 方式。可设置模拟断路器分、合闸时间以模拟断路器的跳合闸延时，如图 11-21 所示。

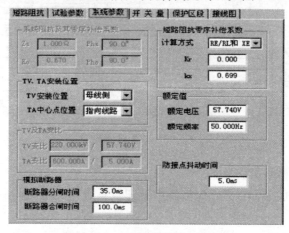

图 11-21　系统参数设置界面

（3）设置、保存、打印试验报告格式。

5. 差动保护

差动保护测试单元用于自动测试变压器、发电机和电动机差动保护的比率制动特性、谐波制动特性、动作时间特性、间断角闭锁以及直流助磁特性。

试验举例：

保护型号：CST31A。

166

测试项目：**比率制动特性**。

整定值：

➤ 控制字 KG1 的 D8＝0，D9＝1 时，保护对象为三绕组变压器。

➤ 变压器接线型式 KMD＝0000，为"无校正"，即高、中、低压侧电流互感器二次。

➤ 电流之间不存在角度差。

➤ 中压侧平衡系数 KPM＝1，低压侧平衡系数 KPL＝0.5。

➤ 差动速断电流定值：ISD＝3.5A。

➤ 差动电流动作门槛值：ICD＝0.601A。

➤ 比率制动特性拐点电流定值：IB＝1.00A。

➤ 基波比率制动特性斜率：KID＝0.5。

(1) 试验接线（以 A 相差动为例）。

如图 11-22 所示，用测试导线将测试仪的电流输出端子与保护对应端子相连接，将保护的动作触点连接到测试仪的开入端子 A。

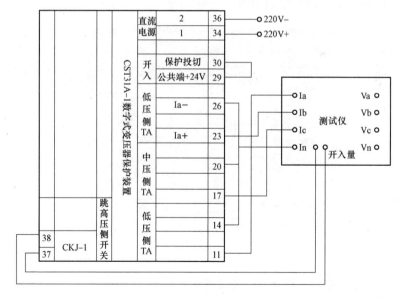

图 11-22　差动保护比率制动特性试验接线

(2) 设置试验参数。在差动保护测试模块中，根据被测保护装置类型和测试项目，设置试验参数。在一些保护的装置中，由于电流头通入电流时间的限制，在大电流时的边界测试可以采用定点测试。

"平衡系数"一般是通过额定电流计算的。特性定义时，要计算准拐点的斜率，否则，实际曲线与保护装置的原理曲线有很大的差别，无法验证保护装置的动作特性是否正确。

1）测试项目。设置界面如图 11 - 23 所示。

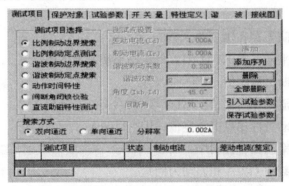

图 11 - 23　测试项目设置界面

2）保护对象。设置界面如图 11 - 24 所示。

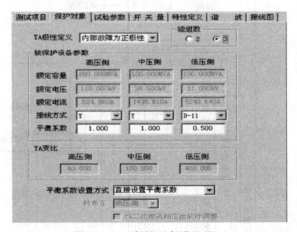

图 11 - 24　保护对象设置界面

平衡系数设置方式选择"直接设置平衡系数"。

3）试验参数。设置界面如图 11 - 25 所示。

此保护控制字 KG1.10 为制动电流选择位，KG1.10＝0 时三绕组变压器，制动电流为 $I_r = \max\{|I_h|, |I_m|, |I_l|\}$。按说明书提供的方程选择被测保护装置的差动制动方程。整定值按定值单设置。最长测试时间必须大于保护动作时间，输出间断时间大于保护返回时间。

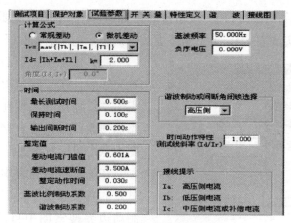

图 11-25　试验参数设置界面

4）开关量。设置界面如图 11-26 所示。

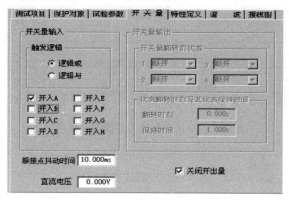

图 11-26　开关量设置界面

5）特性定义。设置界面如图 11-27 所示。

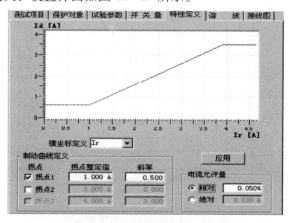

图 11-27　比率特性设置界面

设置完毕后，按"应用"按钮自动在 I_d/I_r 坐标中画出所要搜索的比率制动特性曲线（实线表示），上下两条虚线分别表示电流值相对误差的边界。

图 11-28　比率制动边界搜索线设置界面

（3）添加测试项目。所有参数设置完毕后，在"测试项目"属性页中点击"添加序列"按钮，在对话框中添加搜索线。也可直接在右侧的坐标图中点击鼠标右键进行添加。

在测试项目列表中自动列出各测试点的有关参数，同时在右边的比率制动边界搜索图中自动绘出搜索线，如图 11-28～图 11-30 所示。

	测试项目	状态	制动电流	差动电流（整
✓	比例制动特性搜索	☆	0.500A	0.601A
✓	比例制动特性搜索	☆	1.000A	0.601A
✓	比例制动特性搜索	☆	1.500A	0.851A
✓	比例制动特性搜索	☆	2.000A	1.101A
✓	比例制动特性搜索	☆	4.030A	2.116A
✓	比例制动特性搜索	☆	5.759A	2.981A

图 11-29　比率制动边界搜索参数界面

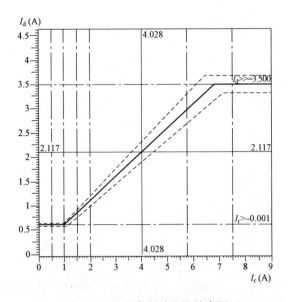

图 11-30　比率制动边界搜索图

（4）保存试验参数。在"文件"中选择"试验参数另存为"按钮或在工具栏中单击 🗖 按钮或在"试验项目"属性页中点击 <u>保存试验参数</u>，出现图 11-31 对话框，在对话框中输入路径及文件名，单击按钮保存试验参数，以便下次试验时直接引用。

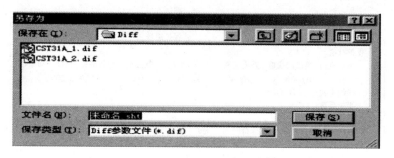

图 11-31　保存试验参数界面

（5）开始试验。按 ▶ 进行试验，测试仪按测试项目列表中的项目进行试验。逐点搜索保护动作边界，动作边界 ✚ 用标注在右侧的坐标视图中。窗口进行实时监视试验过程。比率制动边界搜索图如图 11-32 所示。

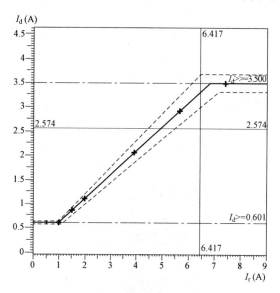

图 11-32　比率制动边界搜索图

（6）试验报告。试验报告如图 11-33 所示。

PW系列继电保护测试仪

测试模块信息
 　名称：　　　差动试验　　　　　　　 版本：　　　 2.16
 　日期时间：　2004年3月25日9时50分
测试对象
 　厂、站名　　　　　　　　　　　　　 测试人
 　回路号　　　　　　　　　　　　　　 安装单元
 　保护型号　　CST–31A　　　　　　　 保护编号
保护对象
 　整定值：　差流门槛值　差流速断值　动作时间　基波比率制动系数　谐波制动系数
 　　　　　　0.600A　　　3.500A　　　0.030s　　　0.500　　　　　　　0.200
 　接线方式：　Y/D–11
 　平衡系数：　Kph=1.00,　　Kp1=0.50
试验参数
 　时间：　最长测试时间　保持时间　输出间断时间
 　　　　　0.500s　　　　0.100s　　　0.200s
 谐波制动或间断角闭锁选择：高压侧

图 11 - 33　试验报告

第二节　万　用　表

万用表是一种多功能、多量程的测量仪表，是电气二次运行维护人员常用的工具。一般万用表可测量直流电流、直流电压、交流电流、交流电压、电阻和音频电平等，有的还可以测电容量、电感量及半导体的一些参数（如 β）等。万用表分为指针式和数字式两种。与指针式万用表相比较，数字万用表具有许多特有的性能和优点。其面板如图 11 - 34 所示。万用表使用测量步骤及注意事项见表 11 - 3。

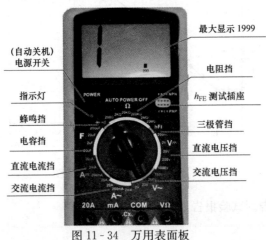

图 11 - 34　万用表面板

表 11 - 3　万用表使用测量步骤及注意事项

测量	测量步骤	注意事项	操作示意图
电阻	(1) 首先红表笔插入 VΩ 孔，黑笔插入 COM 孔。 (2) 量程旋钮打到 "Ω" 量程挡的适当位置。 (3) 分别用红黑表笔接到电阻两端金属部分。 (4) 读出显示屏上显示的数据	量程的选择和转换。量程选择小了显示屏上会显示 "1."，此时应换用较之大的量程；反之，量程选大了的话，显示屏上会显示一个接近于 "0" 的数，此时应换用较之小的量程。 (1) 显示屏上显示的数字再加上边挡位选择的单位就是它的读数。要提醒大家，在 "200" 挡时显示单位是 "Ω"，在 "2k～200k" 挡时单位是 "kΩ"，在 "2M～2000M" 挡时单位是 "MΩ"。 (2) 如果被测电阻值超出所选择量程的最大值，将显示过量程 "1"，应选择更高的量程，对于大于 1MΩ 或更高的电阻，要几秒后读数才能稳定，这是正常的。 (3) 当没有连接好时，例如开路情况，仪表会显示 "1"。 (4) 当检查被测线路的阻抗时，要保证移开被测线路中的所有电源，所有电容放电。被测线路中，如有电源和储能元件，会影响线路阻抗测试正常性。 万用表的 200MΩ 挡位，短路时有 10 个字，如测一个电阻时，显示为 101.0，应从 101.0 中减去 10 个字，即 100.0，即 100MΩ	
直流电压	(1) 红表笔插入 VΩ 孔。 (2) 黑表笔插入 COM 孔。 (3) 量程旋钮打到 "V-" 适当位置。 (4) 读出显示屏上显示的数据	(1) 把旋钮选到比估计值大的量程挡（注意：直流挡是 V-，交流挡是 V～），接着把表笔接电源或电池两端；保持接触稳定。数值可以直接从显示屏上读取。 (2) 若显示为 "1."，则说明量程太小，那么就要加大量程后再测量，若数值左边出现 "-"，则表明表笔极性与实际电源极性相反，此时红表笔接的是负极	

173

续表

测量		测量步骤	注意事项	操作示意图
交流电压		(1) 红表笔插入 VΩ 孔。 (2) 黑表笔插入 COM 孔。 (3) 量程旋钮打到交流 V～适当位置。 (4) 读出显示屏上显示的数据	(1) 表笔插孔与直流电压的测量一样，不过应该将旋钮打到交流挡 "V～" 处所需的量程即可。 (2) 交流电压无正负之分，测量方法跟前面相同。 (3) 无论测交流还是直流电压，都要注意人身安全，不要随便使用手触摸表笔的金属部分	
直流电流		(1) 断开电路。 (2) 黑表笔插入 COM 端口，红表笔插入 mA 或者 20A 端口。 (3) 功能旋转开关打至 A～（交流），并选择合适的量程。 (4) 断开被测线路，将数字万用表串联入被测线路中，被测线路中电流从一端流入表红表笔，经万用表黑表笔从另一端流出，再流入被测线路。 (5) 接通电路。 (6) 读出 LCD 显示屏数字	(1) 估计电路中电流的大小。若测量大于 200mA 的电流，则要将红表笔插入 "20A" 插孔并将旋钮打到直流 "20A" 挡，若测量小于 200mA 的电流，将旋钮打到直流 200mA 以内的合适量程，将红表笔插入 "200mA" 插孔。 (2) 将万用表串进电路中，保持稳定，即可读数。若显示为 "1."，那么就要加大量程；如果在数值左边出现 "—"，则表明电流从黑表笔流进万用表。 (3) 电流测量完毕后应将红笔插回 "VΩ" 孔。 (4) 如果使用前不知道被测电流范围，将功能开关置于最大量程并逐渐下降	
交流电流		(1) 断开电路。 (2) 黑表笔插入 COM 端口，红表笔插入 mA 或者 20A 端口。 (3) 功能旋转开关打至 A～（交流），并选择合适的量程。 (4) 断开被测线路，将数字万用表串联入被测线路中，被测线路中电流从一端流入表红表笔，经万用表黑表笔从另一端流出，再流入被测线路。 (5) 接通电路，读出 LCD 显示屏数字	(1) 测量方法与直流相同，不过挡应该打到交流挡位。 (2) 电流测量完毕后应将红笔插回 "VΩ" 孔。 (3) 如果使用前不知道被测电流范围，将功能开关置于最大量程并逐渐下降。 (4) 如果显示器只显示 "1"，表示过量程，表示最大输入电流为 200mA，过量的电流将烧坏断路器，应再更换，20A 量程无熔断器保护，测量时不能超过 15s	

测量	测量步骤	注意事项	操作示意图
电容	(1) 将电容两端短接,对电容进行放电,确保数字万用表的安全。 (2) 将功能旋转开关打至电容"F"测量挡,并选择合适的量程。 (3) 将电容插入万用表 CX 插孔。 (4) 读出 LCD 显示屏上数字。	(1) 测量前电容需要放电,否则容易损坏万用表。 (2) 测量后也要放电,避免理下安全隐患。 (3) 仪器本身已对电容若设置了保护,故在电容测试过程中不用考虑极性及电容充放电等情况。 (4) 测量电容时,将电容插入专用的电容测试座中(不要插入表笔插孔中 COM、V/Ω)。测量大电容时稳定读数需要一定的时间	
二极管	(1) 红表笔插入 VΩ孔,黑表笔插入 COM 孔。 (2) 转盘打在(⊣▷⊢)挡。 (3) 判断正负。 (4) 红表笔接二极管正黑表笔接二极管负。 (5) 读出 LCD 显示屏上数据;两表笔换位,若显示屏上为"1",正常;否则此管被击穿	二极管正负好坏判断:红表笔插入 VΩ孔,孔转盘打在(⊣▷⊢)挡,然后颠倒表笔再测一次。 测量结果如下:如果两次测量的结果是:一次显示"1"字样,另一次显示几的数字,那么此二极管就是一个正常的二极管,假如两次显示都相同的话,那么此二极管已经损坏,LCD 上显示的一个数字即是二极管的正向压降:硅材料为 0.6V 左右,锗材料为 0.2V 左右,根据二极管的特性,可以判断此时红表笔接的是二极管的正极,而黑表笔接的是二极管的负极	
三极管	(1) 红表笔插入 VΩ孔,黑表笔插入 COM 孔。 (2) 转盘打在(⊣▷⊢)挡。 (3) 找出三极管的基极 b。 (4) 判断三极管的类型(PNP 或者 NPN)。 (5) 转盘打在 hFE 挡。 (6) 根据类型插入 PNP 或 NPN 插孔测 β 值。 (7) 读出显示屏中 β 值	(1) e、b、c 管脚的判断:表笔位同上;其原理同二极管:先假定 A 脚为基极,用表笔与该脚相接,红表笔接 A 脚,黑表笔接触其他两脚,若两次读数均为 0.7V 左右,然后再用红表笔接 A 脚,黑表笔接触其他两脚,若均显示"1",则 A 脚为基极,且此管为 PNP 管。 (2) 判断集电极和发射极:先将挡位打到"hFE"挡,分为 PNP 管和 NPN 管的测量,将基极插入对应管型"b"孔,其余两脚分别插入"c""e"孔,此时可以读取数值,即 β 值;再固定基极,其余两管脚对调,比较两次读数,读数较大的管脚位置与表面置与表面"c""e"相对应前面已经判断出管型,将基极插入管型"b"孔,其余两管脚分别插入"c""e"孔	

万用表使用注意事项如下：

（1）如果无法预先估计被测电压或电流的大小，则应先拨至最高量程挡测量一次，再视情况逐渐把量程减小到合适位置。测量完毕，应将量程开关拨到最高电压挡，并关闭电源。

（2）满量程时，仪表仅在最高位显示数字"1"，其他位均消失，这时应选择更高的量程。

（3）测量电压时，应将数字万用表与被测电路并联。测电流时应与被测电路串联，测直流量时不必考虑正、负极性。

（4）当误用交流电压挡去测量直流电压，或者误用直流电压挡去测量交流电时，显示屏将显示"000"，或低位上的数字出现跳动。

（5）禁止在测量高电压（220V 以上）或大电流（0.5A 以上）时换量程，以防止产生电弧，烧毁开关触点。

（6）当万用表的电池电量即将耗尽时，液晶显示器左上角电池电量低提示，会有电池符号显示，此时电量不足，若仍进行测量，测量值会比实际值偏高。

第三节　钳形相位表

钳形相位表是进行三相电参数测量，可以完成三相的电压、电流、相角、频率、功率、功率因数等电参数的高精度测量。主要功能如下：

（1）同时测量三相电压和四路电流（包含零线电流）。

（2）同时测量三相交流电压相角、电流相角、功角。

（3）测量电网频率和相序。

（4）自动判别变压器绕组、容性和感性负载。

（5）六角图显示，彩色相序分析。

（6）有功功率、无功功率、视在功率、三相功率和功率因数测量。

以 SMG3000 型钳形相位表为例，主机及相关电流、电压测量线如图 11-35～图 11-37 所示。

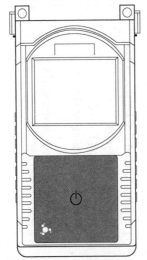

图 11-35　主机

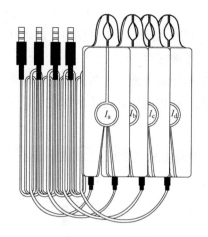

图 11-36　电流钳

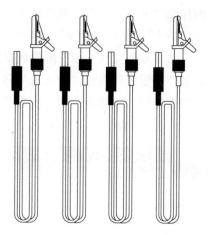

图 11-37　电压测量线

一、测量使用说明

持续按按键 ⏻ 仪器进入如图 11-38 所示画面。继续按键 3s，仪器进入真正开机状态，仪器会发出"滴"响声，证明仪表已开机，这时放开按键。

开机后仪器自动进入测量界面，如图 11-39 所示。

欢迎使用

图 11-38　开机画面

伏安、相位	功率	相量图	
	A路	B路	C路
电压(V)	100.00	100.00	100.00
电流(A)	1.500	1.500	1.500
相位(°)	0.0	0.0	0.0
cosψ	1.000	1.000	1.000
频率:50.00Hz		零线电流I_n=4.500A	
	A>B	B>C	A>C
电压相位	120.0	120.0	240.0
电流相位	120.0	120.0	240.0
三相四线	HOLD	查看	

图 11-39　伏安、相位测量界面

如果测量方式选择三相三线，用触摸笔轻触"三相四线"图标，图标会变成"三相三线"，相同操作可实现单相测量。仪表具有数据保持和保存功能，轻触"HOLD"图标，图标颜色由灰色变成红色，测量数据静止，下面出现保存图标，轻触保存图标，可以保存数据，数据保存采用循环保存新数据，数据会自动删除最早保存的那组数据，查看功能可以查看保存数据。通过"上一页"图标和"下一页"图标翻看数据。

按"功率"图标,"功率"图标变成蓝色(如图 1-40 所示),进入功率测量界面,保存数据时伏安相位测量数据同样被保存。

轻触"相量图"图标,进入六角向量图测量界面,六角图按颜色画出电压和电流的矢量图(A 相电压和电流为黄色、B 相电压和电流为绿色、C 相电压和电流为红色),如图 11-41 所示。

伏安、相位	功率	相量图	▭▭
	有功功率	无功功率	视在功率
A相			
B相			
C相			
三相和			
频率单位:Hz	注:有功功率单位W 无功功率单位var 视在功率单位W		
三相四线	HOLD	查看	保存

图 11-40 功率测量界面

伏安、相位	功率	相量图	▭▭
三相四线	HOLD	查看	保存

$F=$
● $U_a=$
● $U_b=$
● $U_c=$
● $I_a=$
● $I_b=$
● $I_c=$
TYPE:---

图 11-41 六角向量图界面

判断相序:如果电压相序正确,电压数值前显示绿色标志,若错误,则为红色标志;如果电流相序正确,电流数值前显示绿色标志,若错误,则为红色标志。

判断负载性质:若为感性负载,则显示"L",若为容性负载,则显示"C",否则显示"———"。

二、测量接线

测量接线步骤及其接线示意图见表 11-4。

表 11-4　　　　　　　　测量接线步骤及其接线示意图

测量接线	测量步骤	接线示意图
单向测量接线方式	单相电测量将相线接到仪表的 U_N 相,中性线接到 U_N。电流钳传感器钳到相线上接入 I_A 插孔	L——◇——○L 电力输出　　　负载 N——◇——○N U_A U_B U_C U_N I_A I_B I_C I_N

测量接线	测量步骤	接线示意图
三相三线 接线方法	电压线的连接：使用专用电压测试线（黄、红、黑三组），一端依次插入本仪器的 U_A、U_C、U_N 相插孔，另一端分别接入被测线路的 A 相、C 相、B 相（黄色线接 U_A 插孔，黑色线接 U_N 插孔、红色线接 U_C 插孔）。电流线的连接：将 I_A、I_C 钳插入本仪器 I_A、I_C 插孔中，再将另一端分别卡入被测电流回路	
三相四线 接线方法	电压线的连接：使用专用电压测试线（黄、绿、红、黑四组），一端依次插入本仪器的 U_A、U_B、U_C、U_N 相插孔中，另一端再接入被测线路的 A 相、B 相、C 相、中性线。 　　电流线的连接：将 I_A、I_B、I_C 钳表插入本仪器 I_A、I_B、I_C 插孔中，再将另一端分别卡入被测电流回路	

<h2>第四节　绝缘电阻表</h2>

绝缘电阻表，又称摇表或者兆欧表，是用来测量大电阻和绝缘电阻的专用仪器。它由一个手摇发电机和一个磁电式比率表两大部分构成，手摇发电机提供 一个便于携带的高电压测量电源，电压范围在 500～5000V 之间，根据其测量结果，可以简单地鉴别电气设备绝缘的好坏。常用绝缘电阻表的额定电压为 500、1000、2500V 等几种。它的标度尺单位用"兆欧"（MΩ）表示。

<h3>一、绝缘电阻表使用</h3>

绝缘电阻表有三个接线端子，一个标有"线路"或"L"的端子（也称相线）接于被测设备的导体上；另一个标有"地"或"E"的端子接于被测设备的外壳或接地；第三个标有"屏蔽"或"G"端子接于测量时需要屏蔽的电极，如图 11 - 42 所示。

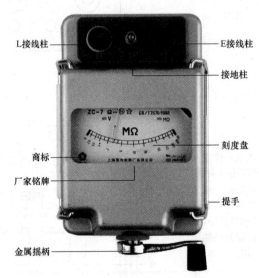

图 11 - 42　绝缘电阻表

1. 绝缘电阻表选择

绝缘电阻表的额定电压根据被测设备的额定电压来选择，绝缘电阻表的额定电压过高，可能在测试时损坏被测设备的绝缘；绝缘电阻表的额定电压过低，所测结果又不能反映工作电压作用下电气设备的绝缘电阻。要正确选择额定电压合适的绝缘电阻表。

一般规程规定测量额定电压在 500V 以下的设备时，宜选用 500~1000V 的绝缘电阻表；额定电压 500V 以上时，应选用 1000~2500V 的绝缘电阻表。

2. 绝缘电阻表使用方法

（1）使用前要检查指针的"0"与"∞"位置是否正确。检查方法是，先使"L""E"两端子开路，将绝缘电阻表放在适当的水平位置，摇动手柄至发电机额定转速（一般为 120r/min）后，指针应指在"∞"位置上。如果不能达到"∞"，说明测试用引线绝缘不良或绝缘电阻表本身受潮。应用干燥清洁的软布，擦拭"L"端与"E"端子间的绝缘，必要时将绝缘电阻表放在绝缘垫上，若还达不到"∞"值，则应更换测试引线。然后再将"L""E"两端子短路，轻摇发电机，指针应指在"0"位置上。如指针不指零，说明测试引线未接好或绝缘电阻有问题。

（2）绝缘电阻表的测试引线应选用绝缘良好的多股软线，"L""E"两端子引线应独立分开，避免缠绕在一起，以提高测试结果的准确性。

（3）在摇测绝缘时，应使绝缘电阻表保持额定转速，一般为 120~150r/min。测试开始时先将"E"端子引线与被测设备外壳与地相连接，待转动摇柄至额定转速后再将"L"端子引线与被测设备的测试极相碰接，等指针稳定后（一般为 1min），读取并记录电阻值。在整个测试过程中摇柄转速应保持恒定匀速，避免忽快忽慢。测试结束时，应先将"L"端子引线与被测设备的测试极断开，再停止摇柄转动。这样做，主要是防止被测设备的电容对绝缘电阻表的反充电而损坏表针。

3. 测量绝缘电阻接线和方法

（1）测量照明或电力线路对地的绝缘电阻，"E"接线端可靠接地，"L"接线端与被测线路相连。

（2）测量电动机的绝缘电阻，将绝缘电阻表的接地端"E"接机壳，"L"接线端接电机的绕组，然后进行摇测。

（3）测量电缆的绝缘电阻，测量电缆的线芯和外壳的绝缘电阻时，除将外壳接"E"，线芯接"L"外，中间的绝缘层还需和"G"相接。

二、绝缘电阻表使用注意事项

（1）测量时，转动手柄要平稳，应保持 120r/min 的转速。电气设备的绝缘电阻随着测量时间的长短不同，通常采用 1min 后的指针指示为准，测量中如果发现指针为零，应停止转动手柄，以防表内线圈过热而烧坏。

（2）在绝缘电阻表停止转动和被测设备放电以后，才可用手拆除测量连接线。

（3）绝缘电阻表记录读数时，应同时记录当时的环境温度和湿度，便于比较不同时期的测量结果，分析测量误差的原因。

（4）绝缘电阻表接线柱的引线，应采用绝缘良好的多股软线，同时各软线不能绞在一起，其端部应有绝缘套。

（5）绝缘电阻表的发电机电压等级应与被测物的耐压水平相适应，以避免被测物的绝缘击穿。

（6）禁止摇测带电设备。双回路架空线路或母线，当一路带电时，不得测量另一路的绝缘电阻，以防高压的感应电危害人身和仪表的安全。

（7）严禁在有人工作的线路上进行测量工作，以免危害人身安全。雷电时禁止用绝缘电阻表在停电的高压线路上测量绝缘电阻。

（8）在绝缘电阻表没有停止转动或被测设备没有放电之前，切勿用手去触及被测设备或绝缘电阻表的接线柱。

（9）使用绝缘电阻表摇测设备绝缘时，应由两人担任。

（10）在带电设备附近测量绝缘电阻时，测量人员和绝缘电阻表的位置必须选择适当，保持与带电体的安全距离，以免绝缘电阻表引线或引线支持物触碰带电部分。移动引线时，必须注意监护，防止工作人员触电。

（11）摇测电容器、电力电缆、大容量变压器、电机等容性设备时，绝缘电阻表必须在额定转速状态下，方可将测量笔接触或离开被测设备，以免因电容放电而损坏仪表。

（12）测量电气设备绝缘时，必须先断电，经放电后才能测量。

（13）每年检验一次，不合格不得使用。

附录 A 电气常用图形符号

序 号	名 称		图 形
1	同步发电机、直流发电机		
2	交流电动机、直流电动机		
3	双绕组变压器 电压互感器		形式1 形式2
4	电流互感器	一般形式	形式1 形式2
		有两个铁芯和两个二次绕组	形式1 形式2
		有一个铁芯和两个二次绕组	形式1 形式2
5	电阻器	一般形式	
		可变电阻、可调电阻	
		滑线电阻	
		滑线电位器	
6	电容器	一般形式	
		电解电容	

续表

序　号	名　　称		图　形
7	电感器、线圈、扼流圈、绕组		
	带铁芯的电感器		
8	二极管	一般符号	
		发光二极管（LED）	
9	反向阻断三极晶闸管 一般形式		
10	三极管	PNP 型	
		NPN 型	
11	蓄电池		
12	桥式整流器		
13	整流器		
14	逆变器		
15	整流器/逆变器		
16	断路器		
17	低压断路器（自动空气开关）		
18	隔离开关		

序　号	名　　称		图　　形
19	负荷开关（负荷隔离开关）		
20	三极开关	单线表示	
		多线表示	
21	火化间隙		
22	熔断器		
23	接触器	主动合触点	
		主动断触点	
24	按钮开关	动合触点	
		动断触点	
25	手动开关		
26	位置开关、限位开关	动合触点	
		动断触点	
27	信号继电器	机械保持的动合触点	
		机械保持的动断触点	

序　号	名　　称		图　　形
28	非电量继电器	动合触点	
		动断触点	
29	热继电器动断触点		
30	控制开关： LW2-Z-1a、4、6a、40、20、20/F8 型控制开关部分触点图形符号 … 表示手柄操作位置 "·"表示手柄转向此位置时触点闭合		
31	接通的连接片		形式1 形式2
	断开的连接片		
32	切换片		
33	端子一般符号		○
34	连接、连接点		●
35	继电器、接触器线圈		
36	双绕组继电器线圈	集中表示	
		分开表示	
37	热继电器的驱动器件		

序 号	名 称		图 形
38		极化继电器的线圈	
		缓放继电器的线圈	
		缓吸继电器的线圈	
39	继电器、接触器	被吸合时暂时闭合的过渡动合触点	
		被释放时暂时闭合的过渡动合触点	
		被吸合或释放时暂时闭合的过渡动合触点	
40	继电器、接触器	延时闭合的动合触点	或
		延时断开的动合触点	或
		延时闭合的动断触点	或
		延时断开的动断触点	或
41	继电器、开关	动合触点	
		动断触点	
		先断后合的转换触点	
		先合后断的转换触点	或

序　号	名　　称		图　　形
42	中间断开的双向触点		
43	仪表的电流线圈		
44	仪表的电压线圈		
45	电流表		A
46	电压表		V
47	有功功率表		W
48	无功功率表		var
49	频率表		Hz
50	同步表		
51	记录式有功、无功功率表		W　var
52	记录式电流、电压表		A　V
53	有功电能表	一般符号	Wh
		测量从母线流出的电能	Wh
		测量流向母线的电能	Wh
		测量单向传输电能	Wh

188

序　号	名　　称	图　　形
54	无功电能表	varh
55	电铃	
56	电警笛、报警器	
57	蜂鸣器	
58	电喇叭	
59	灯的一般符号	⊗

附录 B 二次回路常用电气新旧文字符号对照表

序号	名　　　称	新符号 单字母	新符号 多字母	旧符号	序号	名　　　称	新符号 单字母	新符号 多字母	旧符号
1	功能单元；组建；电路板；装置；控制（保护）屏、台	A			1.25	故障预测装置		AUP	
					1.26	故障录波装置		AFO	
1.1	保护装置		AP		1.27	中央信号在装置		ACS	
1.2	电流保护装置		APA		1.28	自动准同步装置		ASA	
1.3	电压保护装置		APV		1.29	手动准同步		ASM	
1.4	距离保护装置		APD		1.30	自同步装置		AS	
1.5	电压抽取装置		AVS		1.31	巡回检测装置		AMD	
1.6	零序电流方向保护装置		APZ		1.32	振荡闭锁装置		ABS	
1.7	自动重合闸装置		AAR	ZCH	1.33	收发信机		AT	
1.8	母线保护装置		APB		1.34	载波机		AC	
1.9	接地故障保护装置		APE		1.35	故障距离探测装置		AUD	
1.10	电源自动投入装置		AAT	BZT	1.36	硅整流装置		AUF	
1.11	自动切机装置		AAC		1.37	失灵保护装置		APD	
1.12	按频率减负荷装置		AFL	ZPJH	2	测量变送器、传感器	B		
1.13	按频率解列装置		AFD		3	电容器（组）	C		
1.14	自动调节励磁装置		AER	ZTL	4	二进制元件；延时、存储器件；数字集成电路、插件	D		
1.15	自动灭磁装置		AEA	ZM	4.1	数字集成电路和器件	D		
1.16	强行励磁装置		AEI		4.2	双稳态元件	D		
1.17	强行减磁装置		AED		4.3	单稳态元件	D		
1.18	自动调节频率装置		AFR		4.4	磁芯存储器		DS	
1.19	有功功率成组调节装置		APA		4.5	寄存器		DR	
1.20	无功功率成组调节装置		APR		5	发光器件	E		
1.21	（线路）纵联保护装置		APP		5.1	发热器件		EH	
1.22	远方跳闸装置		ATQ		5.2	照明灯		EL	
1.23	远动装置		ATA		6	直接动作式保护；避雷器；放电间隙；熔断器	F		
1.24	遥测装置		ATM						

续表

序号	名 称	新符号 单字母	新符号 多字母	旧符号	序号	名 称	新符号 单字母	新符号 多字母	旧符号
6.1	熔断器	F	FU	RD	10.6	电压继电器		KV	YJ
6.2	限压保护器件		FV		10.7	过电压继电器		KVO	
7	电源；发电机；信号发生器；振荡器；振荡晶体	G		F	10.8	欠电压继电器		KVU	
					10.9	负序电压继电器		KVN	FYJ
7.1	交流发电机		GA		10.10	零序电压继电器		KVZ	LYJ
7.2	直流发电机		GD		10.11	频率继电器		KF	ZHJ
7.3	同步发电机；发生器		GS		10.12	过频率继电器		KFO	
7.4	励磁机		GE	L	10.13	欠频率继电器		KFU	
7.5	蓄电池		GB		10.14	差频率继电器		KFD	
8	信号器件：声、光指示器	H			10.15	差动继电器		KD	CJ
					10.16	阻抗继电器		KR	ZKJ
8.1	声响指示器		HA		10.17	接地继电器		KE	JDJ
8.2	警铃		HA		10.18	过励磁继电器		KEO	
8.3	蜂鸣器、电喇叭		HB		10.19	欠励磁继电器		KEU	
8.4	信号灯、光指示器		HL		10.20	功率方向继电器		KW	GJ
8.5	跳闸信号灯		HLT		10.21	负序功率方向继电器		KWN	
8.6	合闸信号灯		HLC		10.22	零序功率方向继电器		KWZ	
8.7	光字牌		HL		10.23	逆功率继电器		KWR	
8.8	绿灯		HG		10.24	同步监察继电器		KY	TJJ
8.9	红灯		HR		10.25	失步继电器		KYO	
8.10	黄灯		HY		10.26	重合闸继电器		KCA	
8.11	白灯		HW		10.27	重合闸后加速继电器		KAC	JSJ
9	程序：程序单元；模块	J			10.28	母线差动继电器		KDB	
10	继电器			J	10.29	极化继电器		KP	JJ
10.1	电流继电器		KA	J	10.30	干簧继电器		KRD	
10.2	过电流继电器	K	KAO	LJ	10.31	闪光继电器		KH	
10.3	欠电流继电器		KAU		10.32	时间继电器		KT	SJ
10.4	负序电流继电器		KAN	FLJ	10.33	温度继电器		KT	WJ
10.5	零序电流继电器		KAZ	LDJ	10.34	信号继电器		KS	XJ

序号	名　　称	新符号 单字母	新符号 多字母	旧符号	序号	名　　称	新符号 单字母	新符号 多字母	旧符号
10.35	控制（中间）继电器		KC	ZJ	12.2	异步电动机		MA	
10.36	防跳继电器		KCF	TBJ	12.3	直流电动机		MD	
10.37	出口继电器		KCO	BCJ	13	运算放大器；模拟/数字混合器件	N		
10.38	跳闸位置继电器		KCT	TWJ					
10.39	合闸位置继电器		KCC	HWJ	14	指示器件；测量设备；记录器件；信号发生器	P		
10.40	事故信号继电器		KCA	SXJ					
10.41	预告信号继电器		KCR	YXJ	14.1	电流表		PA	
10.42	同步中间继电器		KCS		14.2	电压表		PV	
10.43	固定继电器		KCX		14.3	计数器		PC	
10.44	加速继电器		KCL		14.4	电能表		PJ	
10.45	切换继电器		KCW		14.5	有功功率表		PW	
10.46	重动继电器		KCE		14.6	无功功率表		PV	
10.47	脉冲继电器		KM		14.7	记录仪器		PS	
10.48	绝缘监察继电器		KVI		14.8	时钟，操作时间表		PT	
10.49	电源监视继电器		KVS	JJ	15	电力电路开关器件	Q		
10.50	压力监视继电器		KVP		15.1	断路器		QF	DL
10.51	保持继电器		KL		15.2	隔离开关		QS	G
10.52	启动继电器		KST		15.3	接地开关		QSE	
10.53	停信继电器		KSS		15.4	负荷开关		QL	
10.54	收信继电器		KSR		15.5	刀开关		QK	DK
10.55	接触器		KM	C	15.6	自动开关		QA	ZK
10.56	闭锁继电器		KCB	BSJ	16	电阻器；变阻器	R		R
10.57	瓦斯继电器		KG	WSJ	16.1	电位器		RP	
10.58	合闸继电器		KOH	HJ	16.2	压敏电阻		RV	
10.59	跳闸继电器		KTP		16.3	分流器		RS	
11	电抗器；电感器；电感线圈；消弧线圈	L			16.4	热敏电阻		RT	
					17	控制回路开关	S		
12	电动机	M			17.1	控制开关（手动）；选择开关		SA	KK
12.1	同步电动机		MS						

序号	名称	新符号		旧符号	序号	名称	新符号		旧符号
		单字母	多字母				单字母	多字母	
17.2	按钮开关		SB	AN	20.1	发光二极管		VL	
17.3	测量转换开关		SM	CK	20.2	稳压管		VS	
17.4	灭磁开关		SD	MK	20.3	可控硅元件		VSO	
17.5	终端（限位）开关			XWK	20.4	三极管		VT	
17.6	手动准同步开关		SSM1	ISTK	21	导线；电缆；母线，信息总线；天线，光纤	W		
17.7	解除手动准同步开关		SSM	STK					
17.8	自动准同步开关		SSA1	DTK	22	端子；插头；插座；接线柱	X		
17.9	自同步开关		SSA2	ZTK					
18	变压器；调压器	T		B	22.1	连接片；切换片		XB	LP
18.1	分裂变压器		TU	B	22.2	测试插孔		XJ	
18.2	电力变压器		TM	B	22.3	插头		XP	
18.3	转角变压器		TR	ZB	22.4	插座		XS	
18.4	控制回路电源用变压器		TC	KB	22.5	测试端子		XE	
18.5	自耦调压器		TA		22.6	端子排箱（板）		XT	
18.6	励磁变压器；接地变压器		TE		23	操作线圈；闭锁器件	Y		
					23.1	合闸线圈		YC	HQ
18.7	电流互感器		TA	LH	23.2	跳闸线圈		YT	TQ
18.8	电压互感器		TV	YH	23.3	电磁铁（锁）		YA	DS
19	变换器	U			24	滤波器；滤过器	Z		
19.1	电流变换器（变流器）		UA		24.1	有源滤波器		ZA	
19.2	电压变换器		UV		24.2	全通滤波器		ZP	
19.3	电抗变换器		UR		24.3	带阻滤波器		ZB	
19.4	鉴频器		UD		24.4	高通滤波器		ZH	
19.5	解调器、励磁变流器		UE	NB	24.5	低通滤波器		ZL	
19.6	编码器		UC	ZL	24.6	无源滤波器		ZV	
19.7	逆变器		UI		25	直流系统电源			
19.8	整流器		UF			正	+		
20	半导体器件：晶体管、二极管	V				负	−		
						中间线	M		

附录 C　直流二次回路编号组

回 路 名 称	数 字 标 号 组			
	一	二	三	四
正电源回路	1	101	201	301
负电源回路	2	102	202	302
合闸回路	3～31	103～131	203～231	303～331
绿灯或合闸回路监视继电器回路①	5	105	205	305
跳闸回路	33～49	133～149	233～249	333～349
红灯或跳闸回路监视继电器回路①	35	135	235	335
备用电源自动合闸回路②	50～69	150～169	250～269	350～369
开关设备的位置信号回路	70～89	170～189	270～289	370～389
事故跳闸音响信号回路	90～99	190～199	290～299	390～399
保护回路	01～099（或 011～0999）			
发电机励磁回路	601～699（或 6011～6999）			
信号及其他回路	701～799（或 7011～7999）			
断路器位置遥信回路	801～809（或 8011～8999）			
断路器合闸线圈或操动机构电动机回路	871～879（或 8711～8799）			
隔离开关操作闭锁回路	881～889（或 8810～8899）			
发电机调速电动机回路	991～999（或 9910～9999）			
变压器零序保护共用电源回路	001、002、003			

① 对接于断路器控制回路内的红灯和绿灯回路，如直接从控制回路电源引接时，该回路可标注与控制回路电源相同的标号。

② 在没有备用电源自动投入的安装单位接线图中，标号 50～69 可作为其他回路的标号，当回路标号不够用时，可以向后递增。

附录D 交流二次回路标号组

回路名称	互感器的文字符号及电压等级	回路标号组				
		A相	B相	C相	中性线	零序
保护装置及测量表计的电流回路	TA	A401～A409	B401～B409	C401～C409	N401～N409	L401～L409
	TA1	A411～A419	B411～B419	C411～C419	N411～N419	L411～L419
	TA2	A421～A429	B421～B429	C421～C429	N421～N429	L421～L429
	TA9	A491～A499	B491～B499	C491～C499	N491～N499	L491～L499
	TA10	A501～A509	B501～B509	C501～C509	N501～N509	L501～L509
	TA19	A591～A599	B591～B599	C591～C599	N591～N599	L591～L599
保护装置及测量表计的电压回路	TV	A601～A609	B601～B609	C601～C609	N601～N609	L601～L609
	TV1	A611～A619	B611～B619	C611～C619	N611～N619	L611～L619
	TV2	A621～A629	B621～B629	C621～C629	N621～N629	L621～L629
母线差动保护公用回路	110 kV	A310	B310	C310	N310	
	220 kV	A320	B320	C320	N320	
	35 kV	A330		C330	N330	
	6～10kV	A360		C360	N360	
控制、保护、信号回路		A1～A399	B1～B399	C1～C399	N1～N399	
绝缘监察电压表的公用回路		A700	B700	C700	N700	
在隔离开关辅助触点和隔离开关位置继电器触点后的电压回路	110 kV	A（B、C、N、L、X）710～719				
	220 kV	A（B、C、N、L、X）720～729				
	35 kV	A（B、C、N、L）730～739				
	6～10kV	A（B、C）760～769				

附录 E 常见小母线的文字符号及其回路标号

序号	小母线名称	文字符号	回路标号
		（一）直流控制、信号和辅助小母线	
1	控制回路电源	+WC、−WC	1、2；101、102；201、202；301、302；401、402
2	信号回路电源	+WS、−WS	701、702
3	事故音响信号（不发遥信时）	WTS	708
4	事故音响信号（用于直流屏）	WTS1	728
5	事故音响信号（用于配电装置）	WTS2	727
6	事故音响信号（不发遥信时）	WTS3	808
7	预告音响信号（瞬时）	WPS1、WPS2	709、710
8	预告音响信号（延时）	WPS3、WPS4	711、712
9	预告音响信号（用于配电装置）	WPS	729
10	预告音响信号（用于直流屏）	WPS5、WPS6	724、725
11	控制回路断线预告信号	（KDMⅠ、KDMⅡ、KDMⅢ）	713Ⅰ、713Ⅱ、713Ⅲ
12	灯光信号	−WS	726
13	配电装置信号	（XPM）	701
14	闪光信号	+WFS	100
15	合闸电源	+WOM、−WOM	
16	"掉牌未复归"光字牌	WAUX	703、716
17	指挥装置音响	WCS	715
18	自动调速脉冲	（1TZM、2TZM）	（717、718）
19	自动调压脉冲	（1TYM、2TYM）	（Y717、Y718）
20	同步装置超前时间	（1TQM、2TQM）	（719、720）
21	同步合闸	（1THM、2THM、3THM）	（721、722、723）
22	隔离开关操作闭锁	WQLA	880
23	旁路闭锁	WPB1、WPB2	881、900
24	厂用电源辅助信号	（+CFM、−CFM）	（701、702）
25	母线设备辅助信号	（+MFM、−MFM）	701、702

续表

序号	小 母 线 名 称	文 字 符 号	回 路 标 号
	（二）交流电压、信号和辅助小母线		
26	同步电压（待并系统）小母线	（TQM_a、TQM_c）	（A610、C610）
27	同步电压（运行系统）小母线	（TQM_a'、TQM_c'）	（A620、C620）
28	自同步发电机残压小母线	（TQM_j）	（A780）
29	第一组（或奇数）母线段电压小母线	$1VB_a$、$1VB_b$ ［VB_b］、$1VB_c$、$1VB_L$、$1VB_X$、$1VB_N$	A630、B630、C630、L630、S_a630、N600
30	第二组（或偶数）母线段电压小母线	$2VB_a$、$2VB_b$ ［VB_b］、$2VB_c$、$2VB_L$、$2VB_X$、$2VB_N$	A640、B640、C640、L640、S_a640、N600
31	6～10kV 备用段电压小母线	（$9YM_a$、$9YM_b$、$9YM_c$）	（A690、B690、C690）
32	转角小母线	（ZM_a、ZM_b、ZM_c）	（A790、B790、C790）
33	低电压保护小母线	（1DYM、2DYM、3DYM）	（011、012、013）
34	电源小母线	（DYM_a、DYM_N）	
35	旁路母线电压切换小母线	（YQM_C）	（C712）

注　1. （）内为旧文字符号或回路标号。

　　2. 表中交流电压小母线的符号和标号，适用于 TV 二次侧中性点接地系统，［ ］中的符号和标号适用于 TV 二次侧 V 相接地系统。

参 考 文 献

[1] 张保会，尹项根. 电力系统继电保护 [M]. 北京：中国电力出版社，2005.

[2] 元乃至. 发电厂和变电站电气二次回路技术 [M]. 北京：中国电力出版社，2004.

[3] 国家电力调度通信中心. 电力系统继电保护实用技术问答 [M]. 北京：中国电力出版社，2004.

[4] 国家电力调度通信中心. 电力系统继电保护典型故障分析 [M]. 北京：中国电力出版社，2001.

[5] 国家电力调度通信中心. 国家电网公司继电保护培训教材 [M]. 北京：中国电力出版社，2009.

[6] 郑新才，蒋剑. 怎样看 110kV 变电站典型二次回路图 [M]. 北京：中国电力出版社，2009.

[7] 国家电网公司人力资源部. 国家电网公司生产技能人员职业能力培训通用教材：二次回路 [M]. 北京：中国电力出版社，2010.

[8] 王国光. 变电站二次回路及运行维护 [M]. 北京：中国电力出版社，2011.

[9] 何永华. 发电厂及变电站的二次回路 [M]. 北京：中国电力出版社，2011.

[10] 国网福建省电力有限公司. 变电站运行与维护 [M]. 北京：中国电力出版社，2014.